中等职业学校工业和信息化精品系列教材

计·算·机·应·用

数字媒体技术基础

项目式微课版

邓晓宁 金洪兰◎主编

刘红 余络南 王莹◎副主编

人民邮电出版社

北京

图书在版编目（CIP）数据

数字媒体技术基础 : 项目式微课版 / 邓晓宁，金洪
兰主编. -- 北京 : 人民邮电出版社，2022.8（2024.7重印）
中等职业学校工业和信息化精品系列教材
ISBN 978-7-115-59337-5

Ⅰ．①数… Ⅱ．①邓… ②金… Ⅲ．①数字技术－多
媒体技术－中等专业学校－教材 Ⅳ．①TP37

中国版本图书馆CIP数据核字(2022)第089598号

内 容 提 要

本书系统介绍数字媒体技术的基础知识，包括探寻数字媒体技术、使用 Photoshop 制作数字图像、使用 Audition 制作数字音频、使用 Animate 制作数字动画、使用 Premiere 制作数字视频等内容。

本书分为 5 个项目，每个项目采用任务式讲解，每个任务主要由"任务目标""相关知识""任务实施"3 部分组成，任务完成后进行强化实训。每个项目最后配有课后练习，并根据该项目的内容设置相关的技能提升。本书着重于对学生动手能力的培养，将应用场景引入课堂教学，让学生提前进入工作角色。

本书适合作为中等职业学校数字媒体技术应用等相关课程的教材，也可作为各类培训学校相关课程的教材，同时还可供多媒体制作人员、数字影音设计与制作人员等参考。

◆ 主　　编　邓晓宁　金洪兰
　　副主编　刘 红　余络南　王 莹
　　责任编辑　刘晓东
　　责任印制　王 郁　焦志炜

◆ 人民邮电出版社出版发行　　北京市丰台区成寿寺路 11 号
　　邮编　100164　电子邮件　315@ptpress.com.cn
　　网址　https://www.ptpress.com.cn
　　大厂回族自治县聚鑫印刷有限责任公司印刷

◆ 开本：889×1194　1/16
　　印张：12.5　　　　　　　　　　　2022 年 8 月第 1 版
　　字数：243 千字　　　　　　　　　2024 年 7 月河北第 2 次印刷

定价：49.80 元

读者服务热线：**(010)81055256**　印装质量热线：**(010)81055316**
反盗版热线：**(010)81055315**
广告经营许可证：京东市监广登字 20170147 号

前　言

党的二十大报告提出：统筹职业教育、高等教育、继续教育协同创新，推进职普融通、产教融合、科教融汇，优化职业教育类型定位。由此可见，在全面建设社会主义现代化国家新征程中，职业教育前途广阔、大有可为。

教育、科技、人才是全面建设社会主义现代化国家的基础性、战略性支撑。职业教育的目的就是培养具有一定文化水平和专业知识技能的应用型人才，职业教育侧重于实践技能和实际工作能力的培养。近年来，随着我国经济的快速发展，以及计算机技术的应用和发展，劳动力市场的需求在不断变化，社会对高素质、高技能人才的需求更为迫切，与此同时，中等职业学校的招生人数也在不断增加，这些都对人才的培养提出了更高的要求。

为了应对新形势的发展，我们根据现代职业教育的教学需要，组织了一批具有丰富教学经验和实践经验的优秀作者编写了本套"中等职业学校工业和信息化精品系列教材"。其中，"数字媒体技术基础"是中等职业学校数字媒体技术应用专业的核心课程，该课程全面介绍如何制作包括图像、音频、动画、视频在内的各种数字媒体作品，从而为培养应用型人才打下良好的基础，也为学生职业生涯的可持续发展做好充分准备。

根据上述职业教育的发展趋势以及课程的教学目标和要求，本书在编写上体现出了以下特色。

1. 打好基础，重视实践

"数字媒体技术基础"这门课程的应用性很强，为了让学生熟练制作各类数字媒体作品，本书在介绍数字媒体技术基础的前提下，充分应用各种数字媒体软件，采用"以练代学"的方式，带领学生制作大量的数字媒体作品。在教学上，本书采用"讲练结合"的方法，让学生根据任务进行相应的训练，逐步提高他们制作数字媒体作品的能力，同时通过将实际操作与实际办公应用环境结合的方式，激发学生的学习兴趣，全面提升学生的实践能力和动手能力。

2. 采用情景导入，任务驱动式教学

为了适应当前中等职业教育教学改革的要求，本教材的编写吸收了新的职业教育理念，教学时以学生为中心，用任务牵引教材内容的安排，形成"情景导入—学习目标和技能目标—任务—实训—课后练习—技能提升"这样的教材讲解逻辑体系，并在各任务下设计了"任务目标""相关知识""任务实施"环节，满足任务驱动的、"教学做一体化"的课堂教学组织要求，引导学生开动脑筋，提升动手能力。

前　言

本书的情景导入以日常生活或办公中的场景展开，以米拉的实习情景引入各项目的教学主题，让学生了解相关知识点在实际工作中的应用情况。书中设置的主人公如下。

米拉：职场新进人员。

洪钧威：人称"老洪"，米拉的同事，他是米拉在职场中的导师和引路者。

3. 注重素质教育

育人的根本在于立德。为全面贯彻党的教育方针，落实立德树人根本任务。本书在板块设计和案例的选取上注重培养学生的思考能力和动手能力，在"任务目标""职业素养"小栏目中适当融入相关元素，希望在教授学生知识的同时提高他们的综合素养。

4. 提供多种配套教学资源

本书提供所有操作案例的微课视频，学生可扫描书中二维码观看，也可登录人邮学院网站（www.rymooc.com）或扫描封底的二维码，使用手机号码完成注册，在首页右上角单击"学习卡"选项，输入封底刮刮卡中的激活码，即可在线观看全书微课视频，跟随微课视频进行学习，从而提升自己的实际动手能力。此外，本书还提供素材文件与效果文件、精美 PPT 课件、题库练习软件、电子教案等教学资源，有需要的读者可自行通过人邮教育社区网站（http://www.ryjiaoyu.com）免费下载。

本书由邓晓宁、金洪兰担任主编，刘红、余络南、王莹担任副主编。由于编者水平有限，本书难免有不足之处，敬请读者批评指正。

编　者

2023 年 5 月

目 录

目 录

目　录

项目一
探寻数字媒体技术

情景导入

米拉：最近总是听见周围的人提及数字媒体和数字媒体技术，我印象中的媒体就是电视台这种媒体，数字媒体又是什么呢？

老洪：媒体可不仅包括电视台，它指的是传播信息的媒介，是人们用来传递信息与获取信息的工具、渠道、载体、中介物或技术手段。

米拉：照你这么说，我们可以利用图像、声音、动画、视频等传递或获取信息，那它们也是媒体？

老洪：没错。由于计算机、互联网、移动互联网等技术的不断发展与进步，图像、声音、动画、视频等都可以以二进制数的形式来记录、处理、传播、获取，因此它们不仅是媒体，还是数字媒体的典型代表。

米拉：我有些明白了。无论我使用智能手机还是计算机，网络上到处都是数字媒体的身影。老洪，你再给我讲讲数字媒体和数字媒体技术的知识吧。

学习目标

- 了解数字媒体技术的含义与特点
- 了解数字媒体信息编码、数据压缩、数字存储
- 了解流媒体和动作捕捉的概念
- 熟悉常用的数字媒体输入设备

技能目标

- 能使用智能手机拍摄并传输图像
- 能利用计算机录制人声
- 能使用数码相机拍摄并传输视频

任务一　　体验数字媒体技术

近年来，数字媒体技术迅速发展，它不只应用于互联网和 IT 行业，而是逐渐成为所有行业未来发展的驱动力。本任务将带领读者体验数字媒体技术。

 **任务目标**

本任务的目标是让读者对数字媒体技术的含义与特点有基本的了解，初步认识数字媒体信息编码、数据压缩、数字存储、流媒体等概念，了解数字媒体的不同类型，熟悉流媒体的应用领域。

 **相关知识**

1. 数字媒体技术的含义与特点

简单来说，数字媒体技术是通过现代计算和通信手段，综合处理文字、声音、图形、图像、视频、动画等信息，使抽象的信息变成可感知、可管理和可交互的一种技术。从研究和发展的角度来看，数字媒体技术具有多样性、集成性、交互性和实时性等特点。

● **多样性**。数字媒体技术可以处理多种数字媒体信息，包括图像、音频、动画、视频等。例如，在编辑视频信息时，可以同时在视频中处理文本字幕、图像画面、音频效果等。图 1-1 所示为在 Premiere 中编辑视频时的情况。

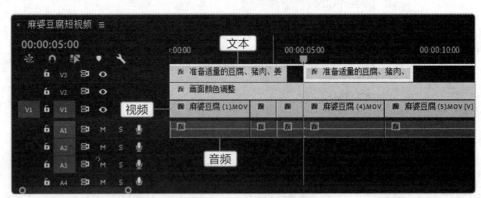

图1-1　在Premiere中编辑视频时的情况

文本也是一种常见的数字媒体信息，它同样具有数字媒体的各种特点。本书重点介绍的数字图像、数字动画、数字视频等的制作，都会涉及文本的使用。

知识补充

● **集成性**。使用数字媒体技术可以将不同类型的媒体信息有机组合在一起，形成一个与这些媒体信息相关的设备集成。例如，企业、学校、小区等场所配备的人脸识别系统，就是将图像、视频等信息集成起来的设备，如图1-2所示。

图1-2　学校配备的人脸识别系统

● **交互性**。使用数字媒体技术可以组织多种信息以实现人机交互，用户可以更有效地控制和应用各种媒体信息，如控制视频播放进度、调整音频音量大小等。图1-3所示为某企业的数字媒体交互系统，用户可以根据需要，通过触摸的方式浏览相关内容。

图1-3　数字媒体交互系统

● **实时性**。使用数字媒体技术可以实时处理图像、动画、音频、视频等多种媒体信息，用户能够及时了解各种相关的信息。图1-4所示为某城市运营管理中心通过数字媒体技术实时观察到的城市运营管理相关数据。

图1-4　城市运营管理中心的实时数据

2. 数字媒体信息编码

采用二进制信息编码方式，将图像、声音、动画、视频等信息转化为二进制代码并进行存储的过程叫作数字化。

● **声音编码**。声音是一种机械波，它能通过空气的振动传递到人耳，使人产生听觉。听觉信号是一种模拟信号，所谓模拟信号，指的是能用连续变化的物理量表示的信息。对声音信息进行数字化处理，就是将模拟信号转化成数字信号。声音信息数字化的过程主要包括采样、量化和编码，如图1-5所示。

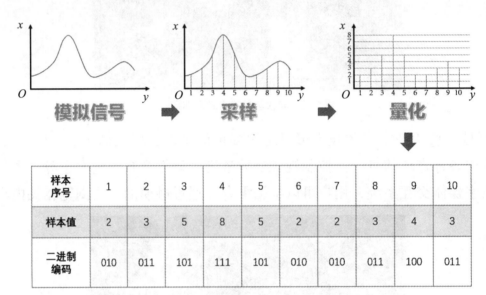

样本序号	1	2	3	4	5	6	7	8	9	10
样本值	2	3	5	8	5	2	2	3	4	3
二进制编码	010	011	101	111	101	010	010	011	100	011

编码

图1-5　声音编码的过程

知识补充

二进制数码只用到了两个数字——0和1。这种数码在技术上容易实现，且可靠性高、运算规则简单，非常适合在计算机中使用。与日常生活中使用的十进制相比，二进制逢二进一。例如，十进制中数字1~10对应的二进制编码依次为：1、10、11、100、101、110、111、1000、1001、1010。

● **图像、动画、视频编码**。动画和视频可以看作连续的图像，因此了解了图像的编码，也就了解了动画和视频的编码。图像可以通过扫描仪、数码相机、摄像头等设备进行数字化处理，具体原理可以简单理解为将图像分解为许许多多的小点，每个小点叫作图像的一个像素，如图1-6所示，然后将构成图像的每个像素转化为二进制代码进行存储，这个过程类似于拼图。黑白图像只需要用0和1来表示黑或白；灰色图像则根据灰度级别来确认编码，例如256级灰度图像需要用8位二进制编码（$2^8=256$）才能完整表现；彩色图像由于涉及红、绿、蓝三原色，因此需要更多的编码，例如256色图像就可能产生256×256×256（16777216）种色彩，因此需要用24位二进制编码（2^{24}=16777216）才能完整表现。

图1-6　将图像分解为许多像素

3. 数据压缩

压缩数据的目的是使文件更小、减少数据传输量，从而提高数据的使用效率。

一般来说，数据压缩可分为有损压缩和无损压缩两大类。有损压缩会造成一些数据损失，但能够实现更高的压缩率；无损压缩不会造成任何偏差和失真，且解压缩后的数字媒体信息能够完全恢复到压缩前的状态。

目前，常用的数据压缩方法主要有统计编码、预测编码、变换编码等，其原理如图1-7所示。

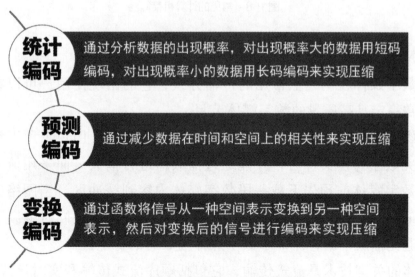

图1-7　常用的数据压缩方法及其原理

4．数字存储

数字存储是指将数字媒体信息存储在计算机上，以便随时进行编辑和处理。要想达到这一目的，就需要借助计算机上的存储器。

存储器是计算机系统的重要组成部分。有了存储器，计算机才具备"记忆"功能，才能保证各种任务正常完成。总体来说，计算机中的存储器可分为主存储器（内存）和辅助存储器（外存）。内存用来暂时存放当前正在使用的数据，关闭计算机电源后，该数据会丢失；外存则能长期保存数据，断电与否数据都不会丢失。图1-8所示为一些常见的计算机存储器。

插在计算机主板上的内存条（内存）　台式机上常见的机械硬盘（外存）　笔记本电脑上的固态硬盘（外存）

U盘（外存）　　　　　　　　　移动硬盘（外存）

图1-8　常见的计算机存储器

5．流媒体

流媒体是数字媒体在网络上常用的传输方式，它的出现使用户可以在不同的网络环境下，在线欣赏稳定且高质量的数字媒体节目。

目前，流媒体主要以下载和流式传输两种方式来实现。用户采用下载方式，必须从互联网上下载完数字媒体文件后，才能通过播放器进行播放；而采用流式传输方式，计算机会在播放数字媒体前预先下载一段数字媒体内容到缓冲区，当网络实际速度小于播放所需的速度时，播放程序就会播放这一段缓冲区内的内容，同时继续下载一段新的内容到缓冲区，避免播放中断，保证了数字媒体播放时的稳定性。

实现流媒体的关键技术是流式传输，它包括顺序流式传输和实时流式传输。

● **顺序流式传输**。顺序流式传输是指按顺序下载，在下载文件的同时，用户可在线观看媒体内容，但只能观看已下载的部分。顺序流式传输比较适合传输高质量的、内容较短的数字媒体内容。

● **实时流式传输**。实时流式传输借助专用的流媒体服务器和特殊的网络协议实现实时传输，适合传输现场直播等数字媒体内容。需要注意的是，要想获得高质量的实时流式传输体验，需要良好的网络环境。如果在低网速下观看，实时流式传输技术会为了保证流畅度而降低数字媒体的播放质量。

任务实施

1. 了解数字媒体的不同类型

数字媒体根据内容的不同可分为图像、音频、动画、视频等表现形式。实际上，还可以根据不同的划分标准对数字媒体进行分类，从而更加全面地了解不同数字媒体的特性。

根据时间属性的不同，数字媒体可以分为静止媒体和连续媒体。静止媒体是指内容不会随着时间变化的数字媒体；连续媒体则是指内容随着时间变化的数字媒体。根据来源的不同，数字媒体可以分为自然媒体和合成媒体。自然媒体是指客观世界存在的景物、声音等，经过专门的设备进行数字化和编码处理后得到的数字媒体；合成媒体则是指以计算机等信息设备为工具，采用特定的程序处理生成的数字媒体。另外，还可以根据组成元素的不同，数字媒体可分为单一媒体和多媒体。单一媒体指由单一信息载体组成的数字媒体；多媒体则是指包含多种信息载体的数字媒体。

请读者根据上述 3 种划分标准，将对应的数字媒体表现形式（以本书将要介绍的图像、音频、动画和视频这 4 种数字媒体表现形式为例）填入表 1-1 中。

表1-1　数字媒体的不同类型

划分标准	类型	表现形式
时间属性	静止媒体	
	连续媒体	
来源	自然媒体	
	合成媒体	
组成元素	单一媒体	
	多媒体	

2. 了解流媒体的应用领域

随着流媒体技术的日渐成熟，基于流媒体的应用也越来越广泛，在远程教育、视频会议、视频点播、互联网直播等领域都能看见流媒体的身影。请读者根据自己对流媒体的了解，在表1-2中补充一些流媒体的应用领域和应用情况。

表1-2   流媒体的应用领域和应用情况

应用领域	应用情况
远程教育	实施教育数字化战略，是促进教育公平，提高教育质量的重要途径。运用流媒体的流式传输技术，可以将教学所用的各种数字媒体文件从一端传输到另一端，学生只需通过移动端上网就能远程学习，从而实现教育数字化转型
视频会议	对于采用流媒体技术传输的音视频文件，与会者不必等待整个文件传输完毕就可以实时、连续的观看，这样不但解决了观看前的等待问题，还达到了实时举行会议的目的
视频点播	流媒体经过了特殊的压缩编码后很适合在互联网上传输，很多大型的传统媒体（如电视台）都在互联网上提供基于流媒体技术的节目点播服务
互联网直播	采用流媒体技术可以在低带宽环境下提供高质量的音视频信息，保证不同网速下的用户能够看到不同质量的音视频效果，这使得互联网直播得到了广泛应用

任务二　采集数字媒体素材

在处理各种数字媒体时，往往需要用到各种各样的素材，图像、音频、视频等素材更是在处理数字媒体时经常用到的。

 **任务目标**

为了方便以后处理和编辑各种数字媒体，米拉准备向老洪请教采集数字媒体素材的

方法。老洪归纳了一些常用的数字媒体素材采集操作，让米拉学习这些操作后能够掌握图像、声音和视频的采集方法。

相关知识

1. 常用的数字媒体输入设备

要数字化处理图像、音频、视频等素材，需要用到各种数字媒体输入设备。通过这些输入设备，数字媒体就能以二进制编码的形式被存储起来，以供计算机识别和使用。下面介绍一些常用的数字媒体输入设备。

● **扫描仪**。将图书、报纸、照片等需要扫描的物品放入扫描仪进行扫描，就能得到相应的数字图像，如图1-9所示。

● **话筒**。话筒是常用的音频输入设备，可以将各种声音转化为数字音频，以供计算机保存和使用，如图1-10所示。

图1-9　扫描仪

图1-10　话筒

● **录音笔**。录音笔是便携式音频输入设备，作用与话筒类似，如图1-11所示。

● **数码相机**。使用数码相机能够拍摄数字图像，然后将数字图像传输到计算机进行处理，如图1-12所示。

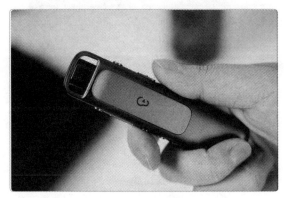

图1-11　录音笔

图1-12　数码相机

● **数码摄像机**。使用数码摄像机能够拍摄数字视频，然后将数字视频传输到计算机进行处理，如图1-13所示。

● **数码摄像头**。数码摄像头一般连接在计算机上，用于拍摄数字视频，如图1-14所示。

图1-13　数码摄像机

图1-14　数码摄像头

知识补充

　　使用智能终端设备（如智能手机、平板电脑、智能手表、无人机等）也能完成数字媒体素材的采集，如图1-15所示。例如，利用智能手机拍摄图像、视频，录制声音；利用平板电脑绘制图像；利用智能手表录制声音；利用无人机拍摄数字视频等都是现在非常常见的操作。

智能手机

平板电脑

智能手表

无人机

图1-15　智能终端设备

2. 动作捕捉

动作捕捉是一种能够实时且准确地测量和记录运动对象在实际三维空间中的运动轨迹和姿态，并在虚拟三维空间中重构这个对象每个时刻的运动状态的技术，如图1-16所示。

图1-16 动作捕捉

根据实现方法的不同，动作捕捉可分为光学式、惯性式、机械式、声学式和电磁式。

● **光学式动作捕捉**。光学式动作捕捉通过光学镜头捕捉固定在被捕捉对象上面的标记点的位置信息来实现捕捉。

● **惯性式动作捕捉**。惯性式动作捕捉采用惯性导航传感器测量被捕捉对象的运动加速度、方位、倾斜角度等特性来实现捕捉。

● **机械式动作捕捉**。机械式动作捕捉依靠机械装置来跟踪和测量运动轨迹，从而实现捕捉。

● **声学式动作捕捉**。声学式动作捕捉通过测量声波从一个发送装置到传感器的时间或相位差来确定传感器的位置和距离，从而实现捕捉。

● **电磁式动作捕捉**。电磁式动作捕捉通过接收和处理电磁信号来分析每个传感器的空间位置和方向，从而实现捕捉。

任务实施

1. 使用智能手机拍摄并传输图像

智能手机往往都具有拍照功能，因此当我们需要采集图像时，可以随时利用智能手机进行拍摄，然后借助 QQ 等 App 将数字图像传输到计算机上，以便处理图像。下面以安装了 Android 的智能手机为例进行介绍（安装 iOS 操作系统的智能手机也可参考），具体操作如下。

微课视频

使用智能手机拍摄并传输图像

1 打开智能手机的拍照功能并拍摄需要的图像，在智能手机上安装 QQ App，启动 QQ App，点击界面下方的"联系人"图标👤，点击"设备"选项卡，点击"我的电脑"选项，如图 1-17 所示。

2 在界面中间点击左边的"图片"图标🖼，在需要传输的图像的右上方点击"○"图标（可同时选择多张图像），然后点击 发送(2) 按钮，如图 1-18 所示。

图1-17　选择设备

图1-18　选择图像

3 启动计算机并登录 QQ，稍后将自动打开"我的 Android 手机"聊天窗口，其中将显示自动接收的图像。在任意一张图像上单击鼠标右键，在弹出的快捷菜单中选择【打开文件夹】命令，如图 1-19 所示。

4 打开存放图像的文件夹，此时便可以根据自己的需要将图像剪切或复制到计算机上需要的位置，如图 1-20 所示。

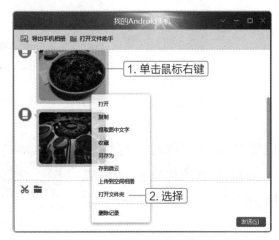

图1-19　打开文件夹

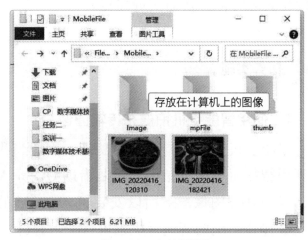

图1-20　存放的图像

2. 利用计算机录制人声

计算机上安装的操作系统中通常自带录音软件，我们只需要将话筒连接到计算机，就能利用计算机完成人声的录制。下面以 Windows 10 为例进行介绍，具体操作如下。

1 将话筒的插头正确插入计算机对应的接口中，目前大多数话筒都是 USB（Universal Serial Bus，通用串行总线）接口，因此可以直接将话筒插入计算机的 USB 接口，如图 1-21 所示。

2 单击桌面左下角的"搜索"按钮🔍，在打开的界面底部的文本框中输入"录音机"文本，然后选择"最佳匹配"栏中的"录音机"选项，如图 1-22 所示。

图1-21　连接话筒

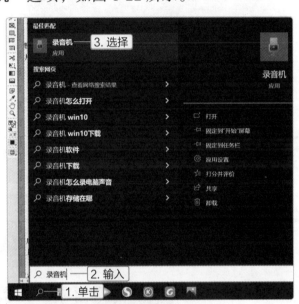

图1-22　搜索录音机程序

3 启动录音机程序，单击"开始录音"按钮🎤，如图 1-23 所示。

4 对着话筒说出需要的语音内容，完成后单击"停止录音"按钮⏹，如图 1-24 所示。

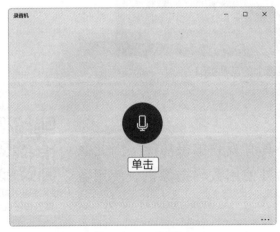

图1-23　开始录音

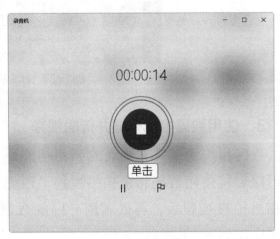

图1-24　停止录音

⑤ 在自动生成的"录音"文件上单击鼠标右键，在弹出的快捷菜单中选择【打开文件位置】命令，如图 1-25 所示。

⑥ 打开存放录音文件的文件夹，可将录制的音频文件剪切或复制到计算机上需要的位置，如图 1-26 所示。

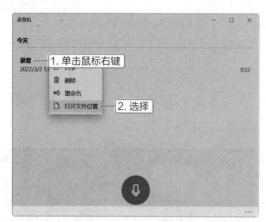

图1-25　打开文件位置

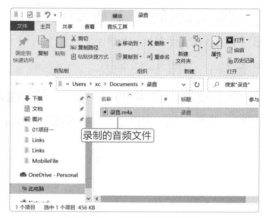

图1-26　录制的音频文件

知识补充

除了常见的 USB 接口外，话筒还可插入 TRS（Tip[signal]、Ring[signal]、Sleeve[ground]，分别代表该接口的 3 个接触点）接口，但话筒的插头必须与 TRS 接口匹配，其顶端类似于被削尖的圆柱体。如果需要将话筒连接到计算机主机箱上的 TRS 接口，则应该选择红、绿、蓝 3 种音频接口中的红色接口，如图 1-27 所示。

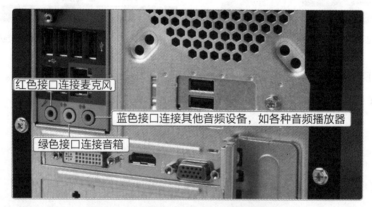

图1-27　计算机主机箱上的音频接口

3. 使用数码相机拍摄并传输视频

数码相机除了具有强大的照相功能外，还具有视频拍摄功能，因此我们可以直接使用数码相机拍摄视频，而无须另外使用数码摄像机。使用数码相机拍摄视频后，可以利用专门的数据线将数字视频传输到计算机上，具体操作如下。

微课视频

使用数码相机拍摄并传输视频

❶ 拿出数码相机的数据线，将数据线的数据接口连接到数码相机上的数据接口，将数据线的 USB 接口连接到计算机上的 USB 接口，如图 1-28 所示。

❷ 打开数码相机的电源开关，此时计算机将通过数据线识别到数码相机，并自动打开"导入项目"对话框，单击"更改目标"链接以更改视频保存位置，如图 1-29 所示。

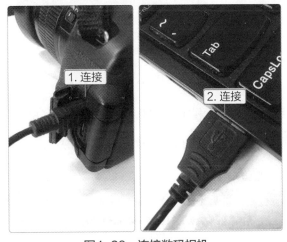

图1-28　连接数码相机

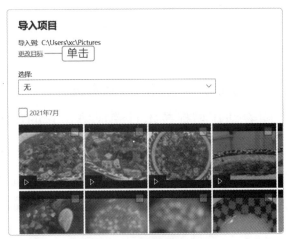

图1-29　更改视频保存位置

❸ 打开"选择文件夹"对话框，在其中选择视频文件导入后保存的文件夹，然后单击 将此文件夹添加到 图片 按钮，如图 1-30 所示。

❹ 返回"导入项目"对话框，选中需要导入的视频文件对应的复选框，然后单击 导入 41 项(共 47 项) 按钮，如图 1-31 所示。

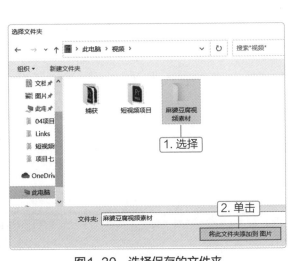

图1-30　选择保存的文件夹

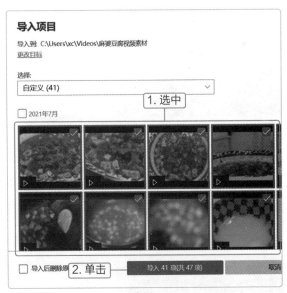

图1-31　选中并导入视频文件

❺ 计算机开始导入所选的视频文件，并显示导入进度，如图 1-32 所示。

❻ 导入完成后，在对话框中单击 确定 按钮，如图 1-33 所示。关闭数码相机的电源开关并拔掉数据线，然后就可以在对应的文件夹中找到并使用视频文件。

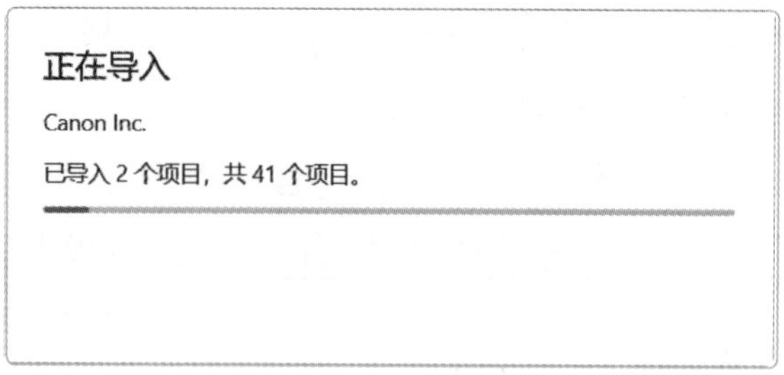

正在导入

Canon Inc.

已导入 2 个项目，共 41 个项目。

图1-32　显示导入进度

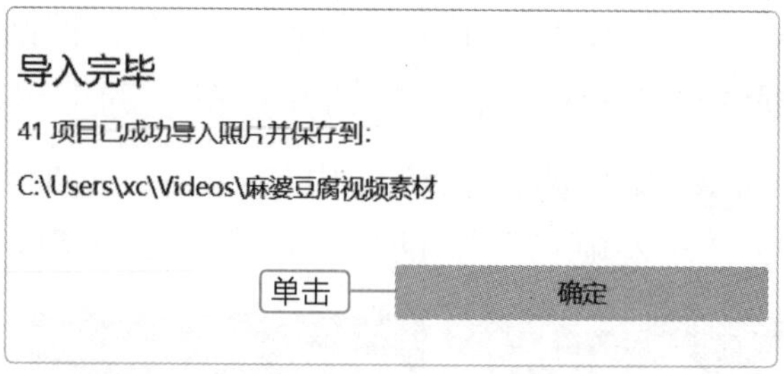

导入完毕

41 项目已成功导入照片并保存到:

C:\Users\xc\Videos\麻婆豆腐视频素材

单击　确定

图1-33　导入完毕

4．讨论动作捕捉的应用情况

随着动作捕捉技术日趋成熟，它的应用领域也在不断扩展，请根据表 1-3 中提供的图像，讨论动作捕捉技术的应用领域，以及动作捕捉技术应用在该领域时的优点。

表1-3　动作捕捉的应用情况

图像展示	应用领域	动作捕捉技术应用在该领域时的优点

实训一 使用数码相机拍摄自然风景视频

【实训要求】

微课视频
使用数码相机拍摄自然风景视频

使用数码相机（或智能手机）拍摄一段高质量的自然风景视频，内容可以是日出、日落、下雨、下雪等，然后将拍摄的视频传输到计算机上进行查看。

【实训思路】

本实训建议使用数码相机完成，如果没有数码相机，可以使用智能手机。在拍摄前先确定需要拍摄的对象和内容，例如要拍摄日出，就应考虑在哪拍摄等。确定了拍摄的对象和内容后，就可以等待好的时机进行拍摄。拍摄时一方面要注意画面的美感，另一方面要防止画面抖动。拍摄完成后，利用数据线将视频文件传输到计算机上查看效果。

【步骤提示】

❶ 打开数码相机的电源开关，切换到视频模式，根据确定的对象和内容开始拍摄。

❷ 用数据线连接数码相机和计算机，将数码相机中拍摄的视频传输到计算机上。

❸ 在计算机上找到该视频文件，双击后查看视频效果。

实训二 使用智能手机采集生活中的声音

【实训要求】

微课视频
使用智能手机采集生活中的声音

使用智能手机上的录音功能录制一段生活中的声音，要求声音清楚，尽量避免录入噪声。采集的声音可以是笑声、哭声、嘈杂的人群说话声、各种交通工具发出的声音等，然后将采集的声音传输到计算机上进行试听。

【实训思路】

首先确定需要采集的声音内容，然后寻找合适的时机，在噪声尽量小的情况下开启智能手机的录音功能进行录制。录制完成后可以在智能手机上试听，如不满意可以重新录制，得到满意的效果后，便可借助 QQ 将采集的声音传输到计算机上。

【步骤提示】

❶ 开启智能手机录音功能（不同操作系统的智能手机，其录音功能的名称和位置也不相同）。

❷ 开始录制需要的声音。

❸ 打开智能手机中的 QQ App，将录制的声音通过 QQ App 传输到计算机上，然后在计算机上找到该声音文件，双击进行试听。

课后练习

练习1：使用智能手机拍摄建筑物

使用智能手机的拍照功能拍摄若干建筑物，如大楼、桥、庭院等，然后将拍摄的照片传输到计算机上保存。

练习2：使用智能手机录制动物视频

使用智能手机的录像功能录制一段 10 秒左右的动物视频，尽量体现出所拍摄动物的特点，如小猫的可爱、小狗的憨态可掬等，然后将拍摄的视频传输到计算机上保存。

职业素养　　好的素材可以有效地提高数字媒体作品的质量以及处理工作的效率，因此前期在采集数字媒体素材时，一定要提出高要求，养成精益求精的习惯。

技能提升

转换数字媒体的文件格式

无论是采集图像、音频，还是视频，使用不同的设备可能会导致采集到的数字媒体文件的格式不同。如果需要将现有的数字媒体文件的格式转换为需要的格式，可以借助格式工厂来实现。以转换图像文件格式为例，启动格式工厂，单击"图片"选项卡，选择目标图像文件格式，在打开的对话框中单击 添加文件 按钮，添加需要转换格式的图像，单击 🔧 输出配置 按钮设置转换参数，在对话框左下角设置文件保存位置，单击 ⊘ 确定 按钮，如图 1-34 所示，最后在格式工厂的工具栏中单击 ▶ 开始 按钮便可执行转换操作。

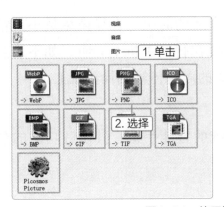

图1-34　使用格式工厂转换文件格式

项目二

使用Photoshop
制作数字图像

情景导入

老洪：随着数字媒体技术的不断发展，数字图像已经应用得非常广泛了。米拉，平时你接触过数字图像吗？

米拉：当然有啦！发朋友圈、发微博的照片，拍摄的商品图片，这些不都是数字图像吗？它们对我的帮助可大了！

老洪：说得不错。现代社会中，无论是生活、社交、学习，还是工作，我们都能看到数字图像的身影，它对我们产生的影响越来越大。

米拉：听说我们公司的活动海报和学校对面车站的广告都是打印出来的数字图像作品，它们是怎么做出来的呢？

老洪：数字图像的制作需要用到数字图像处理软件，用它们可以轻松制作出各种各样的数字图像效果。现在我就教你使用Photoshop，也就是我们常说的"PS"来制作数字图像。

学习目标

- 了解常见的图像文件格式及图像的色彩
- 掌握图层的基本操作
- 掌握调整图像的常用操作
- 熟悉文本和形状的创建与设置
- 熟悉滤镜的使用

技能目标

- 能使用Photoshop对图像进行基本处理
- 能使用Photoshop制作出各种精美的数字图像

任务一　制作公众号封面首图

Photoshop 是一款功能强大的数字图像处理软件，老洪准备通过公众号封面首图的制作，让米拉学会如何在 Photoshop 中创建和编辑选区。

 任务目标

米拉得知公众号封面首图需要展示美食节活动的相关信息，而且该美食节的重点是各种甜品。由于公众号封面首图要求简单明了，因此米拉考虑使用文本和各种甜品图像来制作。本任务的重点是学会用各种选区工具抠图，并最终合成图像，参考效果如图 2-1 所示。

素材所在位置　素材文件\项目二\任务一\蛋糕.jpg、蛋糕2.jpg、背景.jpg
效果所在位置　效果文件\项目二\任务一\公众号封面首图.jpg、公众号封面首图.psd

图2-1　公众号封面首图参考效果

 **相关知识**

1. 常见的图像文件格式

不同的图像文件格式对图像的质量有直接影响，高质量的图像可以让画面显得更加逼真和细腻，但图像文件也会更大。在选择图像文件格式时，应考虑图像的最终用途。例如，为了快速加载并显示出公众号封面首图，可以选择一些分辨率相对较低但传输速度相对较快的图像文件格式。

下面介绍 5 种目前常用的图像文件格式。

● **JPEG**。JPEG格式在早期通常也被称作JPG格式，是一种很常见的图像文件格式，其特点是压缩比高，生成的文件体积小，但图像质量会受到影响。这种格式可以满足日常大部分的图像使用需求，可应用于不需要放得很大的照片、普通印刷作品等。

● **TIFF**。TIFF格式是一种高质量的图像文件格式，其生成的文件较大，当对图像质量要求较高时，可以选择这种格式。TIFF格式有压缩和非压缩形式，即便是压缩形式，TIFF格式也几乎属于无损压缩，可以充分保证图像质量。

● **BMP**。BMP格式是一种将图像分解成像素存储的较为原始的格式，虽然在色彩还原上的效果非常不错，但因其生成的文件过大，目前已经很少使用。

● **GIF**。GIF格式是一种在网络上被广泛应用的图像文件格式，这种格式的文件很小，支持动画和透明效果，非常易于传播，但其图像质量相对较低，同一个文件中最多只能支持256种色彩。

● **PNG**。PNG格式结合了GIF格式和TIFF格式的优点，具有压缩不失真、支持透明背景等特点，因此其图像质量优于GIF格式，网络传播效率优于TIFF格式。

2. Photoshop CC 2018 的操作界面

本项目案例均采用 Photoshop CC 2018 进行制作。Photoshop CC 2018 的操作界面由菜单栏、工具属性栏、工具箱、图像窗口、面板等部分组成，图2-2 所示为 Photoshop CC 2018 的操作界面。

图2-2　Photoshop CC 2018的操作界面

● **菜单栏**。菜单栏集合了Photoshop CC 2018中的各种功能，单击相应的菜单项，便可在弹出的菜单中选择和使用相应的命令。

● **工具属性栏**。当在工具箱中选择了一种工具后，工具属性栏中便会显示与该工具相关的参数和属性，适当调整这些参数和属性，就能让工具更符合使用需求。例如，选择画笔工具后，可以在工具属性栏中调整画笔大小。

● **工具箱**。工具箱集合了 Photoshop CC 2018的各种操作工具，如选择工具、选区工具等。

● **图像窗口**。图像窗口是用来显示、编辑和绘制图像的地方，相当于图像编辑区域，是Photoshop CC 2018最核心的组成部分之一。

● **面板**。Photoshop CC 2018中包含许多面板，不同面板的作用各不相同。如"图层"面板用于管理图层，"历史记录"面板可以控制操作进度等。在"窗口"菜单中可以根据需要显示或隐藏操作界面中的各个面板。

知识补充　　　默认情况下，Photoshop CC 2018 启动后是黑色的操作界面，可以通过设置将黑色调整为白色，具体方法为：选择【编辑】/【首选项】/【界面】菜单命令，打开"首选项"对话框，在"外观"栏中单击白色对应的颜色块，最后单击 确定 按钮。

3. 常用的选区工具

选区是运用各种工具和命令在图像中选取的区域。选区边缘显示为动态的虚线，其形状可以是任意的，但必须是封闭状态。Photoshop CC 2018 提供了许多选区工具，下面重点介绍一些基础且常用的选区工具。

（1）选框工具组

选框工具组包括矩形选框工具⬚、椭圆选框工具○、单行选框工具⬓、单列选框工具⬒。其中，矩形选框工具⬚用于创建规则的矩形选区；椭圆选框工具○用于创建规则的椭圆形选区；单行选框工具⬓用于创建高 1 像素的水平选区；单列选框工具⬒用于创建宽 1 像素的竖直选区。

（2）套索工具组

套索工具组包括套索工具◯、多边形套索工具▷和磁性套索工具▷。相比选框工具组而言，使用套索工具组不但能创建不规则的图像选区，还能较精确地抠取图像。其中，套索工具◯用于在图像中的任意位置创建不规则选区；多边形套索工具▷用于选取边界为直线或折线的复杂图像；磁性套索工具▷用于自动捕捉图像中对比度较大的区域，从而快速、准确地选取图像。

（3）快速选择工具组

快速选择工具组包括快速选择工具◮和魔棒工具⚡，使用快速选择工具组可以快速创建一些具有特殊效果的图像选区。其中，快速选择工具◮可以快速选择指定区域；魔棒工具⚡可以选取图像中颜色相同或颜色相近的区域。

 任务实施

微课视频

创建选区

1. 创建选区

为了使素材能够更好地融入公众号封面背景中，需要先使用选区工具对素材进行抠图处理，具体操作如下。

1 利用"开始"菜单启动 Photoshop CC 2018，选择【文件】/【打开】菜单命令，在打开的对话框中双击"蛋糕 .jpg"图像文件，如图 2-3 所示。

2 由于该素材的背景颜色并不单一，同时考虑到该蛋糕的轮廓大多为直线线段，因此无法使用魔棒工具 快速选择选区，但可以使用多边形套索工具 创建选区。在工具箱的套索工具 上按住鼠标左键不放，在弹出的界面中将鼠标指针移至多边形套索工具 所在的位置，释放鼠标左键即可切换为该选区工具，如图 2-4 所示。

图2-3 选择素材

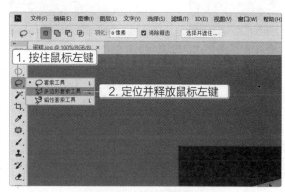

图2-4 选择工具

3 在蛋糕右侧的棱角处单击以确定选区的起点，向上移动鼠标指针至下一个棱角处，单击以确定选区的第 2 个顶点，这样沿着蛋糕的轮廓绘制出精确的选区线段，如图 2-5 所示。

4 使用同样的方法确定多边形选区的其他顶点，当回到起点时，鼠标指针右下角将出现一个小圆圈的标记，此时单击便可闭合选区，完成选区的创建，如图 2-6 所示。

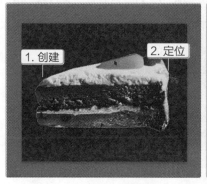

图2-5 创建选区　　　　　　　　　　　　图2-6 闭合选区完成创建

5 打开"蛋糕 2.jpg"图像文件，由于该蛋糕的边缘为不规则形状，且背景为白色，因此可以考虑使用魔棒工具 快速选择背景，然后通过反选选区来创建蛋糕的选区。在工具箱中选择魔棒工具 ，在工具属性栏的"容差"文本框中输入"2"，按【Enter】键确认后，在素材的白色背景位置处单击以创建选区，如图 2-7 所示。

6 选择【选择】/【反选】菜单命令，或直接按【Shift+Ctrl+I】组合键，将创建的选区反向，如图 2-8 所示。

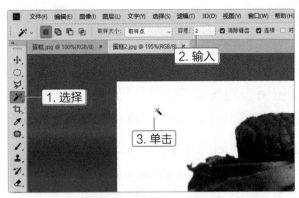
图2-7　设置容差并创建选区

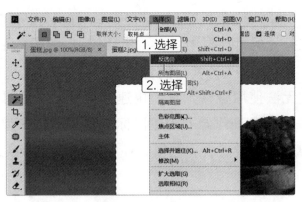
图2-8　反选选区

知识补充

在快速选择工具 上按住鼠标左键不放，在弹出的界面中可看到该工具组的快捷键为【W】，因此可以通过按【Shift+W】组合键在快速选择工具 和魔棒工具 中进行切换，以快速选择所需的工具。其他工具也可以通过按【Shift+ 对应的快捷键】组合键这种方式进行选择，从而提高操作效率。

2. 合成图像

在素材图像中创建好合适的选区后，就可以新建图像文件，通过置入对象和复制选区等方法，合成公众号封面首图，具体操作如下。

微课视频
合成图像

1 选择【文件】/【新建】菜单命令，打开"新建文档"对话框，在"预设详细信息"文本框中输入"公众号封面首图"文本，将"宽度"和"高度"分别设置为"900 像素"和"383 像素"，将"分辨率"设置为"300 像素 / 英寸"，单击 创建 按钮，如图 2-9 所示。

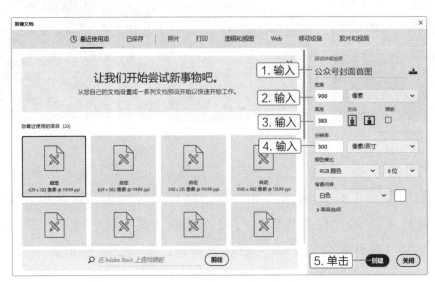
图2-9　设置参数值并新建文档

② 选择【文件】/【置入嵌入对象】菜单命令，打开"置入嵌入的对象"对话框，双击"背景.jpg"图像文件，如图2-10所示。

③ 按【Enter】键确认置入的图像文件，如图2-11所示。

图2-10　双击图像文件

图2-11　置入图像文件

④ 单击图像窗口中的"蛋糕.jpg"选项卡，切换到该图像文件中，按【Crtl+C】组合键复制选区中的图像。重新切换回"公众号封面首图.psd"图像文件，按【Ctrl+V】组合键粘贴图像。按【Ctrl+T】组合键进入编辑模式，按住【Shift】键拖曳右下角的控制点以缩小图像，然后将鼠标指针移动到右上角控制点的外侧，当其变为 形状时，拖曳鼠标调整图像的倾斜角度，最后将图像移至左上方，如图2-12所示。

⑤ 按【Enter】键确认调整。用相同方法将"蛋糕2.jpg"图像文件选区中的内容复制到"公众号封面首图.psd"图像文件中，并进行调整，如图2-13所示。

图2-12　复制、粘贴并编辑图像1

图2-13　复制、粘贴并编辑图像2

⑥ 按【Enter】键确认调整，然后按【Ctrl+S】组合键打开"另存为"对话框，通过左侧的位置窗格选择图像的保存位置，在"保存类型"下拉列表框中选择"JPEG(*.JPG,*.JPEG,*.JPE)"选项，单击 保存(S) 按钮，如图2-14所示。

⑦ 打开"JPEG选项"对话框，在其中可设置图像的品质和格式，这里保持默认设置，直接单击 确定 按钮，如图2-15所示。

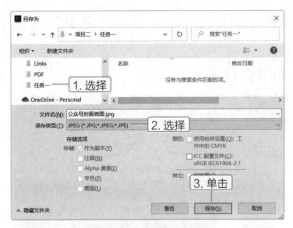

图2-14 保存图像文件

图2-15 设置图像的品质和格式

任务二 制作节约用电广告

米拉询问老洪图层有什么作用，应该怎样进行操作，于是老洪让米拉尝试制作节能减排广告，不仅可以让米拉通过案例制作了解图层的作用和操作方法，还能传播和弘扬绿色发展理念，推动形成绿色低碳的生产方式和生活方式。

任务目标

米拉将这次节能减排广告的主题确定为节约用电，因此考虑用灯泡作为画面的主体，通过点亮的森林和相关的文本，让观看者从广告中感受到节约用电和低碳环保的理念，节约用电广告参考效果如图 2-16 所示。

节约用电广告
参考效果

图2-16 节约用电广告参考效果

素材所在位置 素材文件\项目二\任务二\灯泡.jpg、植物.png、文案和装饰.psd
效果所在位置 效果文件\项目二\任务二\节约用电广告.jpg、节约用电广告.psd

 相关知识

1. 图层

图层是 Photoshop CC 2018 的基础与核心，是绘制图案、修改图像、添加特效的地方。使用 Photoshop CC 2018 处理数字图像时，实际上就是在对图层中的图像进行操作。举例而言，可以将 Photoshop CC 2018 中的每一个图层理解为一张透明的纸，每张纸上都有不同的内容，且可以对这些纸单独进行修改，当最终完成每张纸的编辑并确认各张纸的顺序后，将所有的纸叠加起来，就可以得到需要的图像，如图 2-17 所示。

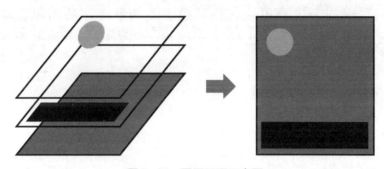

图2-17 图层原理示意图

2. 图层的基本操作

处理数字图像时，经常会对图层进行一些新建、删除、设置等操作，下面介绍一些基本的操作方法。

● **新建图层**。单击"图层"面板右下角的"创建新图层"按钮□便可新建图层。

● **删除图层**。在"图层"面板中选择需要删除的图层，单击面板右下角的"删除图层"按钮□便可删除图层。

● **设置图层混合模式**。在"图层"面板的"正常"下拉列表框中可选择所需的图层混合模式，如选择"变暗"模式，将更多地显示该图层及其下方所有图层中颜色较暗的那个图层的图像颜色，如图 2-18 所示。

图2-18 选择"变暗"模式前后的对比效果

● **调整图层位置**。在"图层"面板中选择某个图层对象，将其拖曳到目标位置便可调整其位置。

● **设置图层样式**。在"图层"面板中选择某个图层对象，单击面板下方的"添加图层样式"按钮 *fx.*，在打开的下拉列表中选择某种样式，然后在"图层样式"对话框中设置该样式的参数，即可为图层应用相应的样式效果。

● **复制图层**。在"图层"面板中选择某个图层对象，按【Ctrl+C】组合键复制，然后在目标图像文件中按【Ctrl+V】组合键便可粘贴复制的图层对象。

● **栅格化图层**。栅格化图层可以简单理解为将矢量图转换为像素图。选择需要栅格化的图层，在其上单击鼠标右键，在弹出的快捷菜单中选择【栅格化图层】命令；如果是文字图层，则需要在快捷菜单中选择【栅格化文字】命令。

知识补充

矢量图和像素图（也称位图）是两种不同的图像，二者最大的区别在于矢量图不会因放大而变得模糊，像素图会因放大而变得模糊。

任务实施

1. 制作创意灯泡

下面通过设置图层的混合模式和样式，制作出极具创意的灯泡效果，具体操作如下。

微课视频

制作创意灯泡

❶ 启动 Photoshop CC 2018，单击左侧的 新建 按钮，新建名为"节约用电广告"，"宽度"和"高度"分别为"60 厘米"和"80 厘米"，"分辨率"为"150 像素 / 英寸"的图像文件，单击 创建 按钮，如图 2-19 所示。

图2-19　新建文档并设置参数

② 选择【文件】/【置入嵌入对象】菜单命令，将"灯泡.jpg"和"植物.png"图像文件置入新建的文档中，按【Enter】键确认，并确保"植物"图层在"灯泡"图层上方，如图2-20所示。

③ 在"图层"面板的"植物"图层上单击鼠标右键，在弹出的快捷菜单中选择【栅格化图层】命令，如图2-21所示。

图2-20　置入图像文件

图2-21　栅格化"植物"图层

④ 在"灯泡"图层上单击鼠标右键，在弹出的快捷菜单中选择【栅格化图层】命令，如图2-22所示。

⑤ 在"图层"面板中重新选择"植物"图层，按【Ctrl+T】组合键进入编辑模式，调整图像的大小和位置，如图2-23所示，然后按【Enter】键确认。

图2-22　栅格化"灯泡"图层

图2-23　编辑图像

⑥ 确保选择的是"植物"图层，在"图层"面板的"正常"下拉列表框中选择"叠加"选项，此时灯泡内部叠加了植物图像，如图2-24所示。

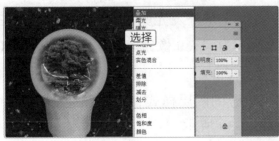

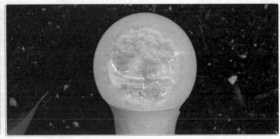

图2-24　设置图层混合模式

7 为了增强灯泡的发光效果，需要为"植物"图层添加"内发光"和"外发光"样式。选择"植物"图层，单击"图层"面板下方的"添加图层样式"按钮 *fx*，在打开的下拉列表中选择"内发光"选项，如图2-25所示。

8 打开"图层样式"对话框，在"混合模式"下拉列表框中选择"实色混合"选项，设置"不透明度"为"60%"，单击下方的颜色块，如图2-26所示。

图2-25　选择"内发光"选项

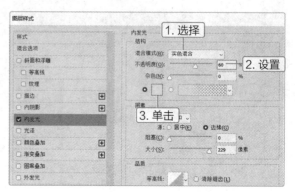

图2-26　设置"内发光"样式

9 打开"拾色器（内发光颜色）"对话框，拖曳拾色器至左上角，单击 确定 按钮，如图2-27所示。

10 在"图层样式"对话框的"方法"下拉列表框中选择"柔和"选项，选中"边缘"单选项，设置"大小"和"范围"分别为"245像素"和"80%"，如图2-28所示。

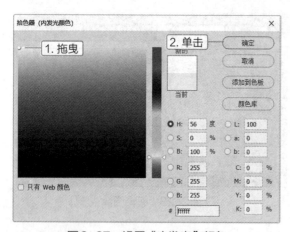

图2-27　设置"内发光"颜色

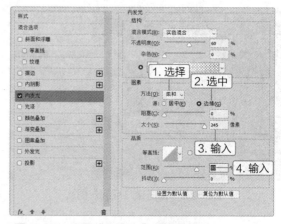

图2-28　设置"内发光"图素和品质

11 在"图层样式"对话框左侧选中"外发光"复选框，在"混合模式"下拉列表框中选择"正常"选项，设置"不透明度"为"5%"，"外发光颜色"为"白色"。在"方法"下拉列表框中选择"精确"选项，设置"大小"为"160像素"和"范围"为"50%"，最后单击 确定 按钮，如图2-29所示。

12 返回图像窗口，此时所选图层已应用了设置的图层样式，且"图层"面板中"植物"图层下方也显示了本图层具有的效果，如图2-30所示。

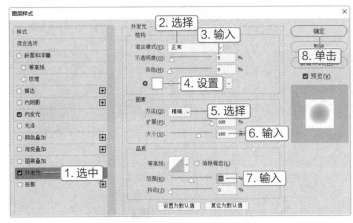

图2-29　设置"外发光"样式　　　　　　图2-30　应用图层样式的效果

2. 制作立体标题

为使广告文案标题更加突出，可以使标题立体化显示，并添加装饰框以增加美观程度，具体操作如下。

制作立体标题

❶ 在 Photoshop CC 2018 中打开"文案和装饰 .psd"图像文件，选择"图层"面板中的"节约每 1 度电"图层，然后按【Ctrl+C】组合键复制，如图 2-31 所示。

❷ 切换到"节约用电广告 .psd"图像文件中，按【Ctrl+V】组合键粘贴图层，然后将其移至所有图层上方，如图 2-32 所示。

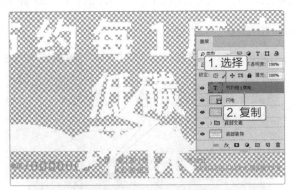

图2-31　选择并复制图层　　　　　　图2-32　粘贴并移动图层

❸ 在"图层"面板中选择"节约每 1 度电"图层，单击"图层"面板下方的"添加图层样式"按钮 fx，在打开的下拉列表中选择"斜面和浮雕"选项，如图 2-33 所示。

❹ 打开"图层样式"对话框，在"样式"下拉列表框中选择"内斜面"选项，在"方法"下拉列表框中选择"平滑"选项，选中"下"单选项，设置"深度""大小""软化"分别为"100%""20 像素""10 像素"。在"高光模式"下拉列表框中选择"滤色"选项，设置"高光颜色""不透明度"分别为"白色""80%"；在"阴影模式"下拉列表框中选择"正片叠底"选项，设置"阴影颜色""不透明度"分别为"黑色""50%"，最后单击 确定 按钮，如图 2-34 所示。

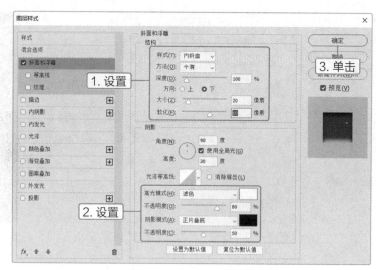

图2-33 选择"斜面和浮雕"选项　　　　图2-34 设置"斜面和浮雕"样式

3. 调整底部文案

广告底部的文案可以使广告内容更加完整，下面将调整底部文案，具体操作如下。

调整底部文案

1 在"文案和装饰 .psd"图像文件中按住【Ctrl】键选择"底部文案"图层组和"底部装饰"图层，按【Ctrl+C】组合键复制，如图 2-35 所示。

2 切换到"节约用电广告 .psd"图像文件中，按【Ctrl+V】组合键粘贴，将其移至图像底部，然后按【Ctrl+T】组合键调整大小，如图 2-36 所示。

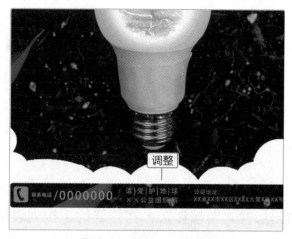

图2-35 选择并复制图层　　　　　　图2-36 粘贴并调整图层

3 在"图层"面板中选择"底部文案"图层组，单击"图层"面板下方的"添加图层样式"按钮 fx，在打开的下拉列表中选择"颜色叠加"选项。打开"图层样式"对话框，在"混合模式"下拉列表框中选择"正常"选项，设置"叠加颜色""不透明度"分别为"白色""100%"，单击 确定 按钮，如图 2-37 所示。

④ 将"文案和装饰 .psd"图像文件中的"环保"图层复制到"节约用电广告 .psd"图像文件中，调整其大小和位置，效果如图 2-38 所示。

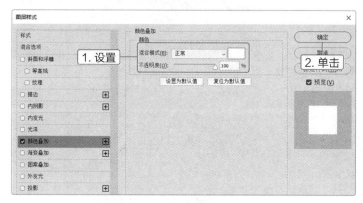

图2-37 设置"颜色叠加"样式

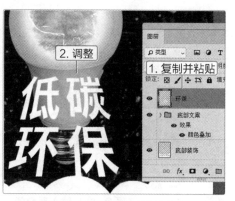

图2-38 复制并调整图层

⑤ 使用相同的方法将"文案和装饰 .psd"图像文件中的"闪电"图层复制到"节约用电广告 .psd"图像文件中，调整其大小和位置。单击"图层"面板下方的"添加图层样式"按钮 fx，在打开的下拉列表中选择"渐变叠加"选项。打开"图层样式"对话框，在"混合模式"下拉列表框中选择"正常"选项，设置"不透明度"为"100%"，单击"渐变"颜色条，如图 2-39 所示。

⑥ 打开"渐变编辑器"对话框，单击颜色条左下方的色标，然后单击下方的颜色块，如图 2-40 所示。

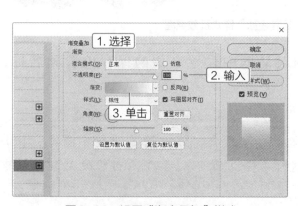

图2-39 设置"渐变叠加"样式

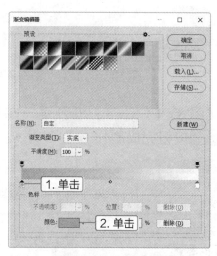

图2-40 设置色标

⑦ 打开"拾色器（色标颜色）"对话框，在下方的"#"文本框中输入"c9e1b4"，单击 确定 按钮，如图 2-41 所示。

⑧ 返回"渐变编辑器"对话框，"位置"文本框中的参数保持默认数值即可。使用相同的方法将颜色条右下方的色标的颜色设置为"#fff389"，位置设置为"60%"，单击 确定 按钮，如图 2-42 所示。

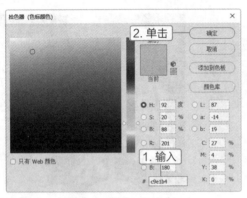

图2-41　输入颜色值

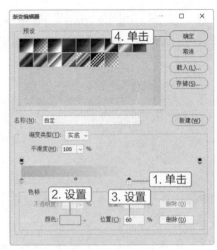

图2-42　设置色标

⑨ 返回"图层样式"对话框，在"样式"下拉列表框中选择"线性"选项，选中"与图层对齐"复选框，设置"角度""缩放"分别为"90度""100%"，然后单击 确定 按钮，设置和效果图如图2-43所示。

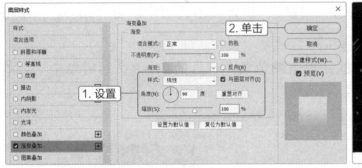

图2-43　设置"渐变叠加"样式及效果图

⑩ 按【Ctrl+S】组合键，在打开的对话框中设置文件的保存位置和名称，单击 保存(S) 按钮完成制作。

职业素养

初学者可以通过学习他人的作品来制作出精美的数字图像，但切忌抄袭或盗用他人的作品。这样做一方面不利于提高自己的处理能力，另一方面还要承担侵权等法律责任。

任务三　制作旅游明信片

米拉一直羡慕那些把Photoshop用得出神入化的人，老洪告诉她，只要掌握了基础的图像处理方法，通过不断练习，她也会成为其中的一员。为了让米拉可以更全面地掌握调整图像的方法，老洪让米拉学习制作旅游明信片，从而了解图像的具体处理技巧。

 **任务目标**

在老洪的帮助下，米拉选择了一张具有旅游景点特点的照片作为明信片的主体，然后通过色彩调整提高照片的质量，并结合透明方格、透明矩形和文本，最终合成了一张漂亮的旅游明信片，参考效果如图2-44所示。

素材所在位置 素材文件\项目二\任务三\风景.jpg、网格.png、文本.psd
效果所在位置 效果文件\项目二\任务三\旅游明信片.jpg、旅游明信片.psd

效果预览

旅游明信片
参考效果

图2-44 旅游明信片参考效果

 相关知识

1. 图像的色彩

色彩是人们感知图像的桥梁，通过不同的色彩，人们可以分辨图像的内容和图像质量的优劣，调整图像画面的绝大部分操作都是针对色彩进行的。决定色彩的因素主要包括色相、饱和度和明度。其中，色相决定了色彩的颜色，饱和度决定了色彩的浓度，明度决定了色彩的亮度，如图2-45所示。

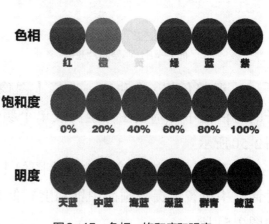

图2-45 色相、饱和度和明度

2. 图像调整的常见操作

Photoshop CC 2018 提供了大量的图像调整功能，其中较为常用的有以下 8 种。

● **调整亮度/对比度**。选择【图像】/【调整】/【亮度/对比度】菜单命令，在打开的对话框中设置图像的亮度和对比度，即可调整图像色彩的明度和纯度，如图2-46所示。

● **调整曝光度**。选择【图像】/【调整】/【曝光度】菜单命令，在打开的对话框中可调整图像的曝光程度，如图2-47所示。

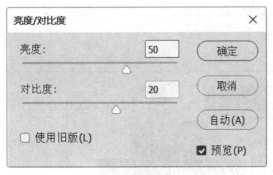

图2-46　调整亮度/对比度　　　　　　图2-47　调整曝光度

● **调整照片滤镜**。选择【图像】/【调整】/【照片滤镜】菜单命令，在打开的对话框中可模拟传统光学滤镜特效，使照片呈暖色调、冷色调或其他单色调，如图2-48所示。

● **调整色彩平衡**。选择【图像】/【调整】/【色彩平衡】菜单命令，在打开的对话框中可改变图像中部分区域的色调，如图2-49所示。

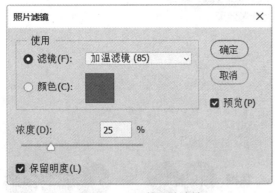
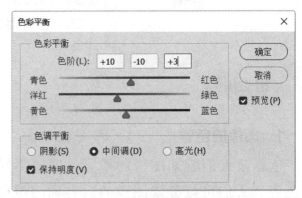

图2-48　调整照片滤镜　　　　　　图2-49　调整色彩平衡

● **调整色相/饱和度**。选择【图像】/【调整】/【色相/饱和度】菜单命令，在打开的对话框中可调整图像全图或单个颜色的色调，常用于处理照片中不协调的颜色，如图2-50所示。

● **调整自然饱和度**。选择【图像】/【调整】/【自然饱和度】菜单命令，在打开的对话框中可智能提升画面中饱和度较低的颜色的饱和度，使饱和度足够的颜色保持现状，如图2-51所示。

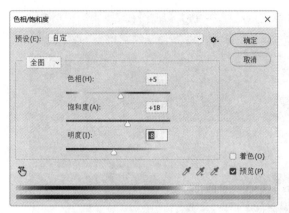

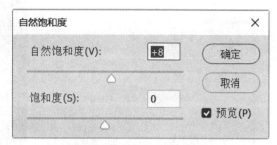

<table>
<tr><td>图2-50　调整色相/饱和度</td><td>图2-51　调整自然饱和度</td></tr>
</table>

● **调整曲线**。选择【图像】/【调整】/【曲线】菜单命令，在打开的对话框中可调整图像的阴影和高光，让整体明暗对比分布更加合理，使图像更具质感，如图2-52所示。

● **调整色阶**。选择【图像】/【调整】/【色阶】菜单命令，在打开的对话框中可调整图像的阴影、中间调和高光的强度级别，即针对"黑白灰"的显示强度进行调整，以校正图像的色调范围和色彩平衡，如图2-53所示。

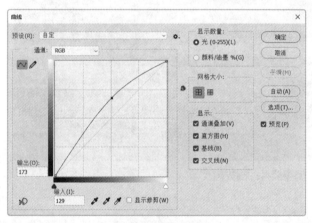

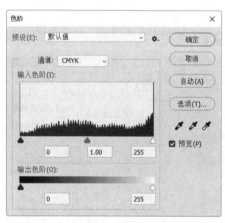

图2-52　调整曲线　　　　　　　　　　　图2-53　调整色阶

任务实施

1. 调整亮度/对比度与曝光度

本任务中将使用提供的风景照片来制作明信片，下面将首先调整照片的亮度/对比度、曝光度等，让照片从整体上看上去更具有质感，具体操作如下。

微课视频
调整亮度与曝光度

❶ 在Photoshop CC 2018中打开"风景.jpg"图像文件，选择【图像】/【调整】/【亮度/对比度】菜单命令，打开"亮度/对比度"对话框，在"亮度"和"对比度"文本框中分别输入"15"和"-20"，单击 确定 按钮，如图2-54所示。

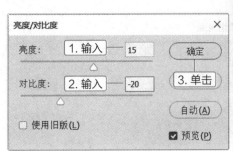

图2-54　调整照片的亮度/对比度

❷ 选择【图像】/【调整】/【曝光度】菜单命令，打开"曝光度"对话框，在"曝光度"和"灰度系数校正"文本框中分别输入"0.33"和"1.16"，单击 确定 按钮，如图 2-55 所示。

图2-55　调整照片的曝光度

知识补充

在"曝光度"对话框的"预设"下拉列表框中可以选择预设的曝光度以快速调整曝光度。"曝光度"选项用于调整图像的色调强弱；"位移"选项用于调整图像的灰度数值，也就是中间调的明暗；"灰度系数校正"选项用于减淡或加深图像的灰色部分。

2. 调整整体色调

考虑到照片的色彩有些偏黄，效果不够美观，因此接下来使用"照片滤镜"和"色彩平衡"对话框来调整照片的整体色调，具体操作如下。

微课视频
调整色调

❶ 选择【图像】/【调整】/【照片滤镜】菜单命令，打开"照片滤镜"对话框，在"滤镜"下拉列表框中选择"蓝"选项，在"浓度"文本框中输入"40%"，单击 确定 按钮，如图 2-56 所示。

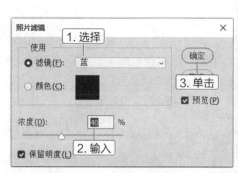 

图2-56 调整照片滤镜

❷ 选择【图像】/【调整】/【色彩平衡】菜单命令，打开"色彩平衡"对话框，选中"高光"单选项，在"色阶"文本框中依次输入"-15""0""10"，单击 确定 按钮，如图 2-57 所示。

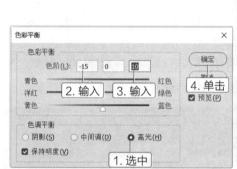 

图2-57 调整色彩平衡

3. 精确调整颜色

为了进一步提升照片的色彩品质，下面继续调整照片的色相 / 饱和度，具体操作如下。

微课视频
精确调整颜色

❶ 选择【图像】/【调整】/【色相 / 饱和度】菜单命令，打开"色相 / 饱和度"对话框，在"预设"下拉列表框中选择"黄色提升"选项，在"色相"和"饱和度"文本框中分别输入"-10"和"-15"，如图 2-58 所示。

❷ 在"预设"下拉列表框中重新选择"红色提升"选项，在"色相"和"饱和度"文本框中分别输入"15"和"-15"，单击 确定 按钮，如图 2-59 所示。

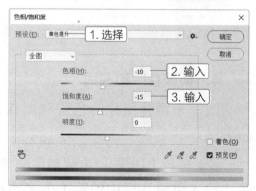

图2-58 调整色相/饱和度1

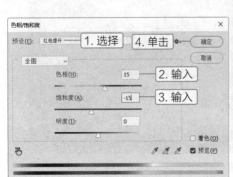

图2-59　调整色相/饱和度2

在"色相/饱和度"对话框的"全图"下拉列表框中可以选择指定的色彩，从而单独调整图像中该色彩的色相和饱和度。另外，选中对话框右下角的"着色"复选框，可为照片添加指定色相、饱和度和明度的颜色。

知识补充

③ 选择【图像】/【调整】/【自然饱和度】菜单命令，打开"自然饱和度"对话框，在"自然饱和度"文本框中输入"70"，单击 确定 按钮，如图 2-60 所示。

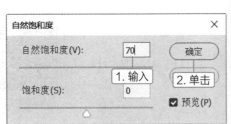

图2-60　调整自然饱和度

4．调整色阶和曲线

接下来调整照片的色阶和曲线，让照片看上去更加美观，具体操作如下。

微课视频

调整色阶和曲线

① 选择【图像】/【调整】/【色阶】菜单命令，打开"色阶"对话框，在"输入色阶"栏中的第 1 个文本框（对应的是阴影的色阶）中输入"50"，单击 确定 按钮，如图 2-61 所示。

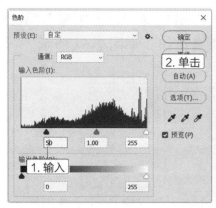

图2-61 调整色阶

❷ 选择【图像】/【调整】/【曲线】菜单命令，打开"曲线"对话框，适当向上拖曳曲线上部分，增加高光，如图 2-62 所示。

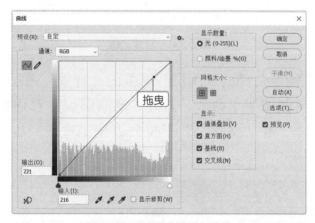

图2-62 通过曲线增加高光

❸ 适当向下拖曳曲线下部分，增加阴影，单击 确定 按钮，如图 2-63 所示。

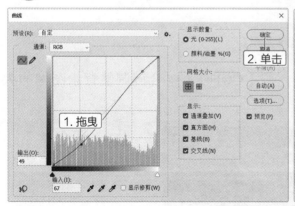

图2-63 通过曲线增加阴影

5. 合成明信片

处理好照片后，下面只需要将提供的素材合成到照片上，便可完成明信片的制作，具体操作如下。

微课视频

合成明信片

1 新建名为"旅游明信片"、"宽度"和"高度"分别为"16.8 厘米""10.5 厘米"、"分辨率"为"300 像素 / 英寸"的图像文件，单击 创建 按钮，如图 2-64 所示。

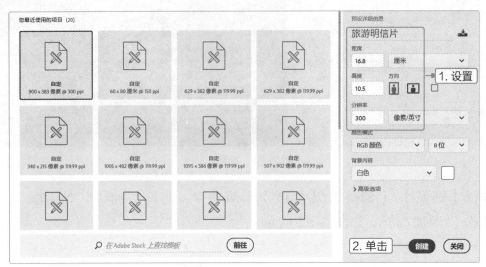

图2-64　新建文档

2 在"风景 .jpg"图像文件的"图层"面板的"背景"图层上单击鼠标右键，在弹出的快捷菜单中选择【复制图层】命令，打开"复制图层"对话框，在"为（A）："文本框中输入"背景"文本，在"文档："下拉列表框中选择"旅游明信片"选项，单击 确定 按钮，如图 2-65 所示。

图2-65　复制图层

3 切换至"旅游明信片 .psd"图像文件，按【Ctrl+T】组合键调整背景图像的大小和位置，如图 2-66 所示。

图2-66　调整图像

④ 将"网格 .png"图像文件置入"旅游明信片 .psd"图像文件中,调整其大小和位置,如图 2-67 所示。

图2-67 置入并调整图像文件

⑤ 打开"打开"对话框,双击"文本 .psd"图像文件将其打开,然后将其中的所有图层复制到"旅游明信片 .psd"图像文件中,调整其大小和位置,如图 2-68 所示。

⑥ 按【Ctrl+S】组合键保存文件,完成操作。

图2-68 复制并调整文本

任务四 制作家具网页横幅广告

米拉认为 Photoshop 主要的作用就是调整与合成图像,因此她以为 Photoshop 中的文本都是置入的素材。老洪纠正了米拉这种错误的看法,他告诉米拉,Photoshop 同样拥有强大的文本制作与编辑功能,同时还能够绘制各种形状。为了让米拉了解并熟悉这些操作,老洪将与米拉一同制作家具网页横幅广告。

任务目标

　　米拉选择了一张非常简约的家具图像，她准备在图像上创建一些标志性文本，让用户一眼就能看到广告的主题、优惠方案和活动时间等重要信息。同时，为了增强文本的吸引力，米拉还将创建一些形状进行修饰和点缀，家具网页横幅广告参考效果如图 2-69 所示。

素材所在位置　素材文件\项目二\任务四\背景.jpg
效果所在位置　效果文件\项目二\任务四\家具网页横幅广告.jpg、家具网页横幅广告.psd

图 2-69　家具网页横幅广告参考效果

 **相关知识**

1. 文本的创建与选择

　　在 Photoshop CC 2018 中创建与选择文本时，都需要借助文本工具。Photoshop CC 2018 提供了 4 种文本工具，其中常用的是横排文字工具 **T** 和直排文字工具 **IT**，使用它们可以输入横排和竖排的文本，也可以选择已经在图像中的文本内容。下面以横排文字工具 **T** 为例，介绍创建与选择文本的方法。

　　● **创建文本**。选择横排文字工具 **T**，在图像中单击，或按住鼠标左键并拖曳，绘制出文本区域，释放鼠标左键后系统将自动建立文本图层，此时可在插入点处输入文本，如图 2-70 所示。

图 2-70　创建文本

● **选择文本**。在"图层"面板中选择对应的文本图层，然后选择横排文字工具 **T**，按住鼠标左键并拖曳便可选择所需的文本内容，如图2-71所示。

图2-71 选择文本

2. 文本格式的设置

创建文本后，可以利用"字符"面板设置文本字符的格式，同时还可以利用"段落"面板设置文本段落的格式。

● **设置文本字符格式**。选择【窗口】/【字符】菜单命令，打开"字符"面板，然后选择需要设置格式的文本字符，此时便可在"字符"面板中设置选中文本字符的格式。该面板部分选项的作用如图2-72所示。

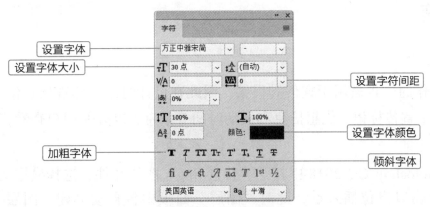

图2-72 "字符"面板

● **设置文本段落格式**。选择【窗口】/【段落】菜单命令，打开"段落"面板，然后选择需要设置格式的文本段落，此时便可在"段落"面板中设置选中文本段落的格式。该面板部分选项的作用如图2-73所示。

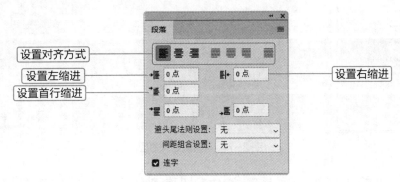

图2-73 "段落"面板

3. 形状的绘制

使用形状工具组可以绘制出各种基本的形状。其中，矩形工具▢用于绘制矩形（按住【Shift】键和鼠标左键并拖曳可绘制正方形）；圆角矩形工具▢用于绘制各种弧度的圆角矩形；椭圆工具○用于绘制椭圆（按住【Shift】键和鼠标左键并拖曳可绘制圆形）；多边形工具⬡用于绘制指定边数的多边形；直线工具╱用于绘制线段；自定形状工具用于绘制各种指定的形状。

知识补充　　使用形状工具组绘制形状时，只需选择某个工具，并在工具属性栏中设置形状的填充颜色、描边颜色、描边粗细等属性后，就可以按住鼠标左键并拖曳，在图像窗口中绘制形状，当释放鼠标左键后，系统会自动创建形状图层。如果直接在当前图层上创建选区，然后选择【编辑】/【填充】或【编辑】/【描边】命令来创建形状，则不会创建形状图层，而是直接将形状显示在当前图层上。

 **任务实施**

1. 输入文本

本任务制作的广告是用于宣传和促销，因此在设计时需要体现出宣传与促销的主题、宣传标语、优惠信息和活动时间等信息，以方便用户查看，具体操作如下。

微课视频
输入文本

❶ 在 Photoshop CC 2018 中打开"背景 .jpg"图像文件，选择横排文字工具**T**，然后在图像中单击以定位插入点，此时"图层"面板中将自动创建"图层 1"文本图层，如图 2-74 所示。

图2-74　创建文本图层

❷ 在插入点处输入"简约家具"文本，切换到任意工具或在工具属性栏中单击"确

定"按钮☑完成输入,此时"图层"面板中对应的文本图层自动将文本内容作为图层名称,如图 2-75 所示。

③ 使用相同方法在图像中输入其他文本,如图 2-76 所示。

图2-75 输入文本

图2-76 输入其他文本

2. 设置文本格式

微课视频
设置文本格式

为了使文本看上去更加醒目和美观,还需要设置文本格式,包括字体、字体大小、字体颜色等,同时还需要调整文本在图像上的位置。为了方便操作,设置时可以隐藏其他文本图层,具体操作如下。

① 在"图层"面板中单击其他文本图层左侧的"眼睛"图标,将这些图层隐藏起来,仅显示"简约家具"这一个文本图层,如图 2-77 所示。

② 在"图层"面板中选择"简约家具"图层,在工具箱中选择横排文字工具**T**,按住鼠标左键并拖曳,选择"简约家具"文本,如图 2-78 所示。

图2-77 隐藏图层

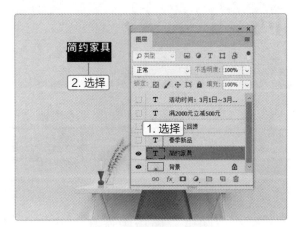
图2-78 选择图层和文本

③ 选择【窗口】/【字符】菜单命令,打开"字符"面板。在"字体"下拉列表框中选择"方正大标宋简体"选项,在"字体大小"下拉列表框中输入"150 点",单击"颜色"栏中的颜色块,如图 2-79 所示。

④ 打开"拾色器（文本颜色）"对话框，在"#"文本框中输入"381108"，单击"确定"按钮，如图2-80所示。

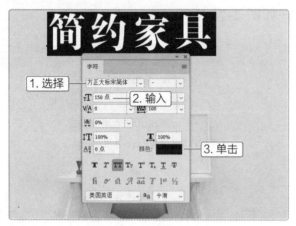
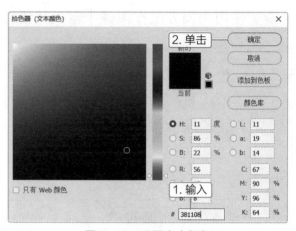

图2-79　设置文本格式　　　　　　　　　　　图2-80　设置文本颜色

　　　设置文本格式时，如果只需要调整字体、字体大小、字体颜色和对齐方式等，也可以选择横排文字工具**T**，直接在其工具属性栏中操作。

知识补充

⑤ 在工具箱中选择移动工具，拖曳"简约家具"文本至图2-81所示的位置。

⑥ 单击"图层"面板的"新春大回馈"图层左侧空白的方框，"眼睛"图标重新显示，从而使该图层显示在图像中，如图2-82所示。

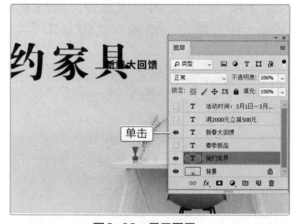

图2-81　调整文本位置　　　　　　　　　　　图2-82　显示图层

⑦ 在"图层"面板中选择"新春大回馈"图层，在工具箱中选择横排文字工具**T**，按住鼠标左键并拖曳，选择"新春大回馈"文本，在"字符"面板中设置"字体"为"方正粗倩简体"，"字体大小"为"60点"，"文本颜色"为"#f21111"，单击"仿粗体"按钮**T**使文本加粗显示，如图2-83所示。

⑧ 在工具箱中选择移动工具 ✛ ，拖曳 "新春大回馈" 文本至图 2-84 所示的位置。

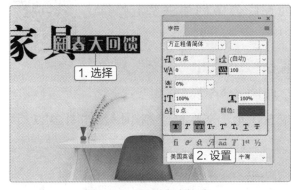

图2-83 设置文本格式

图2-84 调整文本位置

⑨ 显示并选择 "满 2000 元立减 500 元" 图层，使用相同的方法设置 "字体" 为 "Adobe 黑体 Std"，"字体大小" 为 "40 点"，"文本颜色" 为 "#e4e723"，单击 "仿粗体" 按钮 T 使文本加粗显示，然后调整文本位置，如图 2-85 所示。

⑩ 显示并选择 "春季新品" 图层，设置 "字体" 为 "Adobe 黑体 Std"，"字体大小" 为 "30 点"，"文本颜色" 为 "#0e0d0d"，然后调整文本位置，如图 2-86 所示。

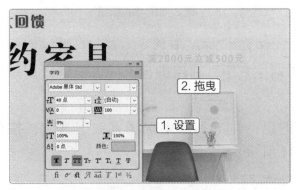

图2-85 设置文本格式1

图2-86 设置文本格式2

⑪ 显示并选择 "活动时间：3 月 1 日~3 月 14 日" 图层，设置 "字体" 为 "方正中雅宋简"，"字体大小" 为 "38 点"，"文本颜色" 为 "#725b56"，然后调整文本位置，如图 2-87 所示。

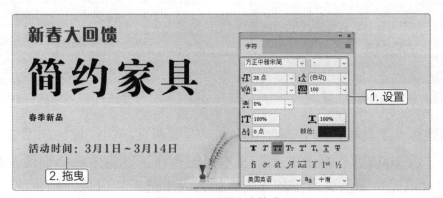

图2-87 设置文本格式3

3. 创建形状

微课视频

创建形状

为了进一步突出文本信息和美化图像，下面在广告中创建一些起修饰作用的形状对象，具体操作如下。

① 在工具箱中选择矩形工具□，在工具属性栏中单击"填充"颜色块，在打开的下拉列表中选择"黑色"颜色块，如图 2-88 所示。

② 按住鼠标左键并拖曳，在"满 2000 元立减 500 元"文本处绘制矩形，如图 2-89 所示。

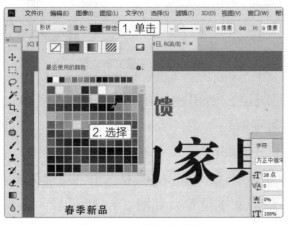

图2-88 设置填充颜色

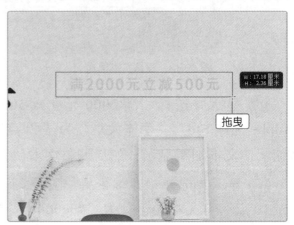

图2-89 绘制矩形

③ 释放鼠标左键，完成矩形的绘制。在"图层"面板中将"矩形 1"图层拖曳至"满 2000 元立减 500 元"图层下方。切换到移动工具✛，利用键盘上的方向键微调矩形的位置，如图 2-90 所示。

④ 选择"满 2000 元立减 500 元"文本图层，在工具箱中选择直线工具／，按住【Shift】键在矩形下方绘制水平直线，如图 2-91 所示。

图2-90 调整图层位置

图2-91 绘制水平直线

⑤ 切换到移动工具✛，利用键盘上的方向键微调直线的位置，如图 2-92 所示。

⑥ 选择"满 2000 元立减 500 元"文本图层，在工具箱中选择椭圆工具○，在工具属性栏中单击"填充"颜色块，在打开的下拉列表中选择"白色"颜色块。按住【Shift】键在黑色矩形左侧绘制一个圆形，切换到移动工具✛，利用键盘上的方向键微调圆形的

位置，如图 2-93 所示。

图2-92 调整直线位置

图2-93 绘制圆形并调整位置

7 拖曳"图层"面板的"椭圆 1"图层至下方的"创建新图层"按钮■上，快速复制图层，如图 2-94 所示。

8 选择移动工具➕，按住【Shift】键向右拖曳复制出的圆形，结合键盘上的方向键微调圆形的位置，如图 2-95 所示。

图2-94 复制图层

图2-95 调整圆形的位置

9 选择需要调整的文本图层，利用移动工具➕适当调整文本的位置。最后按【Ctrl+Shift+S】组合键，在打开的"另存为"对话框中将图像以"家具网页横幅广告 .psd"为名保存。

任务五 制作水彩装饰画

米拉无意中看到老洪的计算机上有一张正在编辑的数字图像，她被图像上的内容惊呆了，由衷地佩服老洪的绘画功底。谁知老洪却告诉米拉，这是利用 Photoshop CC 2018 的滤镜功能制作出来的，并不是他自己绘制出来的。看到米拉并不相信这种说法，老洪决定利用滤镜来制作一幅水彩装饰画，让米拉学会滤镜的基本使用方法。

任务目标

　　为了让拍摄的风景照具有别样的效果，米拉在老洪的指导下，利用滤镜结合图像调整功能，制作出一张类似水彩效果的装饰画，参考效果如图 2-96 所示

素材所在位置　素材文件\项目二\任务五\风景.jpg
效果所在位置　效果文件\项目二\任务五\水彩装饰画.jpg、水彩装饰画.psd

效果预览

水彩装饰画
参考效果

图2-96　水彩装饰画参考效果

相关知识

1. 滤镜库

　　在 Photoshop CC 2018 中选择【滤镜】/【滤镜库】菜单命令，打开"滤镜库"对话框，其中整合了多种滤镜效果。展开某个滤镜组，选择其下的一种滤镜效果，然后在右侧调整滤镜参数，如图 2-97 所示，单击 ⬚ 确定 ⬚ 按钮就能应用该滤镜效果。

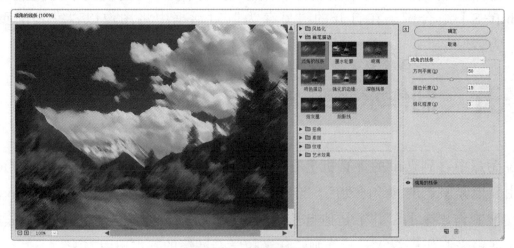

图2-97　调整滤镜效果

2.模糊滤镜

模糊滤镜用于削弱图像中相邻像素的对比度，使其产生平滑过渡的效果。选择【滤镜】/【模糊】菜单命令，可选择"表面模糊""动感模糊""方框模糊""高斯模糊""进一步模糊""径向模糊""镜头模糊""模糊""平均""特殊模糊""形状模糊"11种滤镜。其中本任务用到的"特殊模糊"滤镜可以保留边缘，常用于制作插画效果，图2-98所示为应用"特殊模糊"滤镜前后的对比效果。

图2-98 应用"特殊模糊"滤镜前后的对比效果

3.渲染滤镜

渲染滤镜用于模拟光线照明效果。选择【滤镜】/【渲染】菜单命令，可选择"火焰""图片框""树""分层云彩""光照效果""镜头光晕""纤维""云彩"8种滤镜。其中本任务用到的"镜头光晕"滤镜可以模拟摄影镜头产生的眩光效果，图2-99所示为应用"镜头光晕"滤镜前后的对比效果。

图2-99 应用"镜头光晕"滤镜前后的对比效果

4.其他滤镜

其他滤镜用于处理图像的某些细节。选择【滤镜】/【其他】菜单命令，可选择"HSB/HSL""高反差保留""位移""自定""最大值""最小值"6种滤镜。其中本任务用到的

"最小值"滤镜可以将图像中的明亮区域缩小，阴暗区域扩大，从而产生较阴暗的效果，图 2-100 所示为应用"最小值"滤镜前后的对比效果。

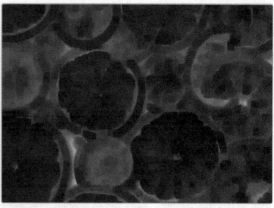

图2-100　应用"最小值"滤镜前后的对比效果

 任务实施

1. 使像素边缘变柔和

拍摄的风景照片通常边缘比较锐利、清晰，要想将其制作为具有水彩效果的图像，需要削弱图像中相邻像素的对比度，使相邻像素之间过渡平滑，从而使边缘产生柔和的效果，具体操作如下。

微课视频

柔和像素边缘

1 在 Photoshop CC 2018 中打开"风景 .jpg"图像文件，按【Ctrl+J】组合键，复制当前图层，快速新建一个相同的图层，如图 2-101 所示。

2 选择【滤镜】/【模糊】/【特殊模糊】菜单命令，打开"特殊模糊"对话框。在"半径""阈值"文本框中分别输入"5""30"，然后单击 确定 按钮，如图 2-102 所示。

图2-101　通过复制当前图层新建图层　　　　图2-102　设置"特殊模糊"滤镜

3 选择【滤镜】/【滤镜库】菜单命令，打开"滤镜库"对话框。在中间的列表框中展开"艺术效果"滤镜组，选择"干画笔"滤镜，设置"画笔大小"为"2"、"画笔细节"为"10"、"纹理"为"1"，单击 确定 按钮，如图 2-103 所示。

图2-103 设置"干画笔"滤镜

2. 调整图像色调

除了进行简单的模糊处理外，还需要调整图像的色调，使图像整体效果更符合水彩画的风格，具体操作如下。

微课视频

调整图像色调

1 在"图层"面板中将"背景"图层拖曳至下方的"创建新图层"按钮 ⬜ 上，复制出一个图层，并将复制得到的图层拖曳至"图层"面板最上方，如图 2-104 所示。

图2-104 复制并移动图层

2 选择【滤镜】/【滤镜库】菜单命令，打开"滤镜库"对话框。在中间的列表框中展开"艺术效果"滤镜组，选择"绘画涂抹"滤镜，设置"画笔大小"为"3"、"锐化程度"为"13"，单击 确定 按钮，如图 2-105 所示。

图2-105 设置"绘画涂抹"滤镜

❸ 设置"背景 拷贝"图层的"混合模式"为"线性减淡（添加）"、"不透明度"为
"50%"，如图2-106所示。

❹ 将"背景"图层拖曳至下方的"创建新图层"按钮 上，复制出一个图层，并
将复制后的图层拖曳至"图层"面板最上方，如图2-107所示。

图2-106 设置图层

图2-107 复制并移动图层

❺ 选择【图像】/【调整】/【去色】菜单命令或直接按【Ctrl+Shift+U】组合键去色，
如图2-108所示。

❻ 按【Ctrl+J】组合键复制"背景 拷贝 2"图层得到新图层，并设置新图层的"混
合模式"为"线性减淡（添加）"，如图2-109所示。

❼ 选择【图像】/【调整】/【反相】菜单命令或直接按【Ctrl+I】组合键将图像反相，
如图2-110所示。

❽ 选择【滤镜】/【其他】/【最小值】菜单命令，打开"最小值"对话框，在"半径"
文本框中输入"1"，单击 确定 按钮，如图2-111所示。

图2-108 图像去色

图2-109 复制并设置图层

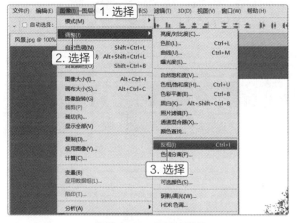

图2-110 图像反相

图2-111 设置"最小值"滤镜

⑨ 按【Ctrl+E】组合键将"背景 拷贝 3"图层向下合并到"背景 拷贝 2"图层,并设置合并后的图层的"混合模式"为"正片叠底",如图2-112所示。

⑩ 选择"图层1"图层,选择【图像】/【调整】/【可选颜色】菜单命令,打开"可选颜色"对话框。在"颜色"下拉列表框中选择"中性色"选项,设置"青色"为"20"、"洋红"为"10"、"黄色"为"-50"、"黑色"为"10",如图2-113所示。

图2-112 合并图层

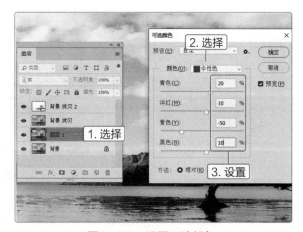

图2-113 设置可选颜色

⓫ 在"颜色"下拉列表框中选择"白色"选项,并在"黑色"文本框中输入"-100",单击 确定 按钮,如图 2-114 所示。

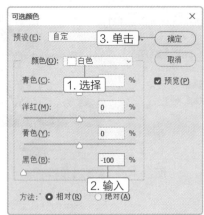

图2-114　设置可选颜色

知识补充

　　使用 Photoshop CC 2018 中的【可选颜色】命令可在不影响图像中其他颜色的基础上修改图像中指定的颜色。例如,对于发黄的植物,可在黄色里适当增加青色比例使植物变绿;想让天空变蓝,就可以在青色中适当增加洋红色比例等。

3. 添加镜头光晕

下面利用镜头光晕滤镜为图像添加光晕效果,并通过调整色相和饱和度提高画面的色彩质量,具体操作如下。

微课视频

添加镜头光晕

❶ 按住【Ctrl】键选择"图层"面板中的所有图层,然后按【Ctrl+Shift+Alt+E】组合键盖印(将图层效果应用到新图层上)所选的图层,如图 2-115 所示。

图2-115　盖印图层

2 选择【滤镜】/【渲染】/【镜头光晕】菜单命令，打开"镜头光晕"对话框。在"亮度"文本框中输入"100"，选中"50-300 毫米变焦"单选项，单击 确定 按钮，如图 2-116 所示。

图2-116 设置"镜头光晕"滤镜

3 按【Ctrl+U】组合键打开"色相 / 饱和度"对话框，设置"色相"为"-5"、"饱和度"为"33"，单击 确定 按钮，如图 2-117 所示。

图2-117 设置色相/饱和度

4 按【Ctrl+Shift+S】组合键，打开"另存为"对话框，将图像以"水彩装饰画 .psd"为名保存，完成操作。

实训一 制作促销广告

【实训要求】

本实训将制作国庆黄金周的促销广告，要求该促销广告能够体现出类似夜间发光的效果。本实训会用到设置图层样式的操作，参考效果如图 2-118 所示。

素材所在位置　素材文件\项目二\实训一\促销广告.psd
效果所在位置　效果文件\项目二\实训一\促销广告.jpg、促销广告.psd

效果预览

促销广告
参考效果

图2-118　促销广告参考效果

【实训思路】

　　本实训将使促销广告体现出一种夜间发光的效果。首先设置边框，然后设置边框内的装饰对象和文本对象，制作过程如图 2-119 所示。

①设置边框

②设置装饰对象

③设置文本对象

图2-119　促销广告的制作过程

【步骤提示】

微课视频

制作促销广告

　　1 打开"促销广告.psd"图像文件，选择"框"图层组中的"外框"图层，为其应用并设置"颜色叠加""外发光""投影"图层样式。

　　2 选择"框"图层组中的"形状 3"图层，为其应用并设置"颜色叠加""外发光"图层样式。

　　3 选择"文案"图层组中的"国庆黄金周"文本图层，为其应用并设置"颜色叠加""外发光""投影"图层样式。

　　4 选择"文案"图层组中的另一个文本图层，为其应用并设置"颜色叠加""外发光""投影"图层样式。

实训二　处理成怀旧风格照片

【实训要求】

　　本实训要求将一张古老建筑的照片处理成怀旧风格，提升读者制作怀旧风格照片的能力。本实训处理前后的对比效果如图 2-120 所示。

素材所在位置 素材文件\项目二\实训二\建筑.jpg
效果所在位置 效果文件\项目二\实训二\怀旧照片.jpg、怀旧照片.psd

图2-120 怀旧风格照片处理前后的对比效果

【实训思路】

怀旧风格是众多照片风格中的一种，这类风格的照片通常具有颜色饱和度较低的特征。无论是人物照片，还是风景建筑照片，怀旧风格都会给人一种历史感。本实训主要通过调整饱和度、添加图层、设置图层混合模式和不透明度，以及设置可选颜色来制作怀旧风格照片，处理过程如图 2-121 所示。

效果预览
怀旧风格照片
对比效果

①调整饱和度　　　　　②添加并设置图层　　　　　③修改颜色

图2-121 怀旧风格照片的处理过程

【步骤提示】

微课视频
处理成怀旧
风格照片

❶ 打开"建筑.jpg"图像文件,选择【图像】/【调整】/【色阶】命令,适当增加图像阴影。

❷ 选择【图像】/【调整】/【色相/饱和度】命令，降低图像饱和度。

❸ 新建图层，在工具箱中设置"前景色"为"#aa8b71"，为图层填充前景色（按【Alt+Delete】组合键）。设置图层的"混合模式"为"叠加",并适当降低图层的不透明度。

❹ 选择【图像】/【调整】/【可选颜色】命令，降低黄色中青色的比例，升高黑色的比例；降低青色中青色和黑色的比例；升高白色中黄色的比例。

实训三　制作美食推广图

【实训要求】

本实训要求为一家餐饮店铺制作一张推广图，要突出美食的高端品质，同时还需要将优惠信息展示出来以吸引客人。本实训参考效果如图2-122所示。

素材所在位置　素材文件\项目二\实训三\美食.jpg、金色.jpg
效果所在位置　效果文件\项目二\实训三\美食推广图.jpg、美食推广图.psd

效果预览

美食推广图
参考效果

图2-122　美食推广图参考效果

【实训思路】

美食推广图可以用于淘宝、微博等平台，为商品推广起到非常有利的作用。为了更好地达到推广目的，本实训的美食推广图需要保证内容新颖、排版美观，还需搭配与商品相匹配的文案。本实训主要涉及文本和形状的添加，其制作过程如图2-123所示。

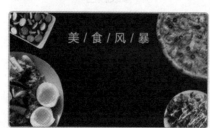

①添加文本

②添加文本

③添加形状

图2-123　美食推广图的制作过程

【步骤提示】

❶ 打开"美食 .jpg"图像文件,利用横排文字工具 **T** 输入并设置"美 /食 / 风 / 暴"文本。

微课视频

制作美食推广图

❷ 利用横排文字工具 **T** 输入并设置"全"文本。

❸ 置入"金色 .jpg"图像文件，在"金色"图层上单击鼠标右键，在弹出的快捷菜单中选择【建剪贴蒙版】命令。

❹ 按相同方法分别制作拥有金色背景的"民""畅""享"文本。

❺ 利用横排文字工具 **T** 输入并设置"领券满 100 元减 20 元 >"文本，置入"金色 .jpg"图像文件并创建剪贴蒙版。

❻ 利用圆角矩形工具 ⬜ 绘制圆角矩形，同样置入"金色 .jpg"图像文件并创建剪贴蒙版。

实训四　制作云彩背景效果

【实训要求】

本实训要求使用滤镜为照片制作出真实的云彩背景效果，增强照片的视觉效果。本实训处理前后的对比效果如图 2-124 所示。

素材所在位置	素材文件\项目二\实训四\户外.jpg
效果所在位置	效果文件\项目二\实训四\云彩背景.jpg、云彩背景.psd、云彩.psd

图 2-124　为照片添加云彩背景前后的对比效果

【实训思路】

在进行平面设计时，对于一些不太容易获取的设计素材，可以充分利用滤镜进行制作。本实训主要使用"渲染"滤镜组和"风格化"滤镜来制作云彩效果，其制作过程如图 2-125 所示。

效果预览

云彩背景
对比效果

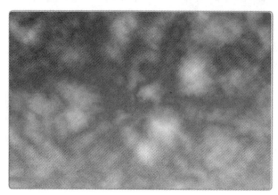
①制作云彩效果

②应用云彩效果

图2-125　云彩背景效果的制作过程

微课视频

制作云彩
背景效果

【步骤提示】

❶ 新建一个"大小"为"1500 像素 × 1000 像素"、"分辨率"为"72 像素 / 英寸"的图像文件。

❷ 选择渐变工具▣，通过工具属性栏设置两个色标的颜色分别为 "#87d0ff"和"#0089e1"，然后按住鼠标左键，从图像底部向顶部拖曳以填充渐变颜色。

❸ 新建图层，填充颜色"#000000"。

❹ 选择【滤镜】/【渲染】/【分层云彩】菜单命令，再次选择【滤镜】/【渲染】/【分层云彩】菜单命令，重复应用该滤镜。

❺ 复制"图层1"图层，选择【滤镜】/【风格化】/【凸出】菜单命令，应用"凸出"滤镜。

❻ 设置"图层1"和"图层1拷贝"图层的"混合模式"为"滤色"。

❼ 选择"图层1拷贝"图层，选择【滤镜】/【模糊】/【高斯模糊】菜单命令，应用"高斯模糊"滤镜。

❽ 盖印所有图层。

❾ 打开"户外.jpg"图像文件，将盖印的云彩效果拖曳到"户外.jpg"图像文件中，适当调整大小。

❿ 复制"背景"图层，将复制得到的图层置于"图层"面板最上方。

⓫ 选择背景橡皮擦工具🧽，在工具属性栏中设置较大的画笔大小，并设置容差，按住鼠标左键，在天空区域拖曳以擦除背景。

课后练习

练习1: 制作美丽乡村户外宣传展板

利用 Photoshop CC 2018 调整图像色彩的功能，制作一张宣传乡村旅游的户外展板，用于展示建设宜居宜业和美乡村的成果，参考效果如图 2-126 所示。

素材所在位置 素材文件\项目二\练习1\乡村.jpg、展板素材.psd
效果所在位置 效果文件\项目二\练习1\户外宣传展板.psd

效果预览

美丽乡村户外宣传
展板参考效果

图2-126 美丽乡村户外宣传展板参考效果

操作要求如下。

① 打开"乡村.jpg"图像文件，选择【图像】/【调整】/【亮度/对比度】命令，提高亮度和对比度。

② 选择【图像】/【调整】/【色彩平衡】命令和【图像】/【调整】/【曲线】命令，调整图像色彩和阴影。

③ 新建"展板.psd"图像文件。

④ 将"展板素材.psd"图像文件中所有内容复制到新建的图像文件中。

⑤ 将调整后的"乡村.jpg"图像文件也复制到新建的图像文件中，调整各对象。

练习2: 制作艺术海报

使用滤镜、图像调整和文本等功能，制作一张具有现代艺术感的海报，参考效果如图 2-127 所示。

素材所在位置 素材文件\项目二\练习2\彩色.jpg
效果所在位置 效果文件\项目二\练习2\艺术海报.psd

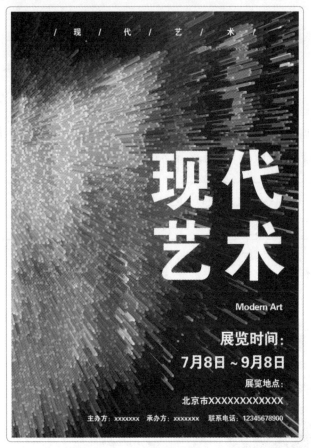

效果预览

艺术海报
参考效果

图2-127　艺术海报参考效果

操作要求如下。

① 新建"艺术海报.psd"图像文件。

② 打开"彩色.jpg"图像文件，将该图像拖曳至"艺术海报.psd"图像文件中。

③ 为图像多次应用"风格化"滤镜组中的"风"滤镜，然后应用该滤镜组中的"凸出"滤镜。

④ 调整图像的大小与位置。

⑤ 调整图像的亮度、对比度、色彩平衡。

⑥ 绘制白色矩形作为海报的边框。

⑦ 创建海报上的各个文本内容。

练习3：制作风景油画

使用滤镜并结合图像调整功能，制作一幅浓墨重彩的风景油画图像，参考效果如图 2-128 所示。

素材所在位置　素材文件\项目二\练习3\风景.jpg

效果所在位置　效果文件\项目二\练习3\风景油画.psd

风景油画
参考效果

图2-128 风景油画参考效果

操作要求如下。

① 打开"风景.jpg"图像文件，为其应用"风格化"滤镜组中的"油画"滤镜。

② 复制图层，为其应用"风格化"滤镜组中的"浮雕效果"滤镜。

③ 将图像去色，设置图层的"混合模式"为"叠加"。

④ 盖印图层，为其应用"风格化"滤镜组中的"查找边缘"滤镜。

⑤ 将图像去色，设置图层的"混合模式"为"叠加"。

⑥ 调整图像的亮度和对比度。

1. 选区的常见操作

在图像中创建选区后，可按照以下操作编辑选区。

● **取消选择与重新选择**。选择【选择】/【取消选择】菜单命令或按【Ctrl+D】组合键，可取消选区。选择【选择】/【重新选择】菜单命令或按【Ctrl+Shift+D】组合键，可恢复刚取消的选区。

● **修改选区**。选择【选择】/【修改】菜单命令，在弹出的子菜单中可选择【边界】、【平滑】、【扩展】、【收缩】、【羽化】命令，在打开的对话框中修改选区参数。其中，【边界】命令用于创建环型选区；【平滑】命令用于消除选区上的锯齿；【扩展】命令用于以当前选区为标准等比例扩大选区范围；【收缩】命令用于以当前选区为标准等比例缩小选区范围；【羽化】命令用于让选区以内和以外的交界处变得更加平滑自然。

● **存储选区与载入选区**。选择【选择】/【存储选区】菜单命令，可以存储选区。选择【选择】/【载入选区】菜单命令，可以载入存储的选区。

2．替换指定的颜色

如果想要将图像中指定的颜色替换为其他颜色，可以使用 Photoshop CC 2018 中的【替换颜色】命令，其方法为：选择【图像】/【调整】/【替换颜色】菜单命令，打开"替换颜色"对话框，选中"选区"或"图像"单选项，可显示图像的选区或原始效果，如图 2-129 所示。在这两种模式之间切换，可以快速取样并查看效果。

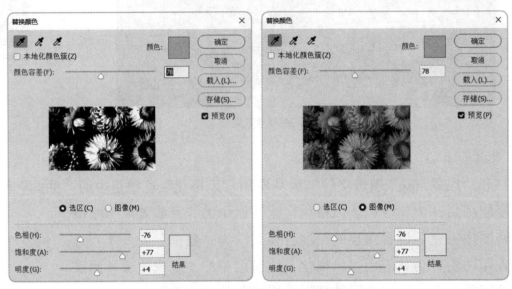

图2-129　"选区"效果与"图像"效果

预览区中，黑色区域表示未被选中，白色区域表示被选中，灰色区域表示部分被选中。拖曳"颜色容差"滑块，可根据预览区的情况了解将要替换的范围。在对话框底部可指定替换后的颜色的"色相""饱和度""明度"，单击 确定 按钮便可替换颜色。

3．应用外挂滤镜

外挂滤镜指的是需要挂靠到 Photoshop CC 2018 上才能使用的滤镜。外挂滤镜功能强大、种类繁多且应用广泛，常见的包括制作水滴、闪电等特效的滤镜，以及各种用于人物图像美化的滤镜等。

安装外挂滤镜主要有两种方法：如果外挂滤镜有安装包，则双击该安装包自动进行安装就能使用；如果没有安装包，则需将滤镜文件夹复制到 Photoshop CC 2018 安装目录下的"Plug-in"文件夹中，完成后重启软件，在"滤镜"菜单中就能看到并选用外挂滤镜了。

项目三
使用Audition制作数字音频

情景导入

米拉：老洪，声音这种看不见摸不着的东西要怎么处理呢？

老洪：将声音经过量化和编码后，它就成了数字音频，然后就可以在计算机上利用专门的音频处理软件进行处理了。

米拉：那声音需要做哪些处理呢？我只知道听音乐时可以手动调整音量大小，还有其他的处理方法吗？

老洪：这可就太多了！最简单的就是处理声音中的噪声，另外还可以通过处理将干巴巴的声音变得悦耳动听，还能将多种声音合成为一个声音，如将虫鸣和鸟叫合成在一起。

米拉：这么神奇！我还以为只是处理声音的音量大小呢！

老洪：声音在动画和视频中都有举足轻重的作用，通过处理可以提高声音的质量，不仅能得到优质的声音，还能为动画和视频提供优质的素材。

学习目标

○ 了解数字音频三要素和影响音频质量的因素
○ 熟悉常见的音频文件格式
○ 掌握常见的音频剪辑方法
○ 熟悉多轨音频的常见剪辑操作
○ 熟悉为音频添加和设置效果的技巧

技能目标

○ 能使用Audition对音频进行基础编辑
○ 能使用Audition合成声音
○ 能使用Audition为音频添加各种音效

任务一　编辑课件录音

经过数字化处理的音频，可以借助 Audition 等音频处理软件来进行编辑，让音频内容更加符合预期的效果。

 **任务目标**

米拉拿到了一段课件录音，内容主要是讲解人对课程的简单介绍。米拉听了一遍之后，觉得有些地方有些多余，有些地方又不太完整，还有些地方的停顿时间过多，整个录音内容都需要进行调整。老洪让米拉放心，并告诉米拉使用 Audition 就能轻松解决这些问题。

效果预览

课件录音

 素材所在位置　素材文件\项目三\任务一\课件录音.mp3
效果所在位置　效果文件\项目三\任务一\课件录音.mp3

 **相关知识**

1. 数字音频的三要素

从听觉角度讲，数字音频具有三要素：音调、音强、音色。

● **音调**。音调与数字音频的频率有关，频率越高，音调就越高。频率指的是每秒钟数字音频信号变化的次数，单位为 Hz（赫兹）。

● **音强**。音强又称响度，它与数字音频的振幅有关，振幅越大，声音就越响亮。振幅指的是经数字化处理后的数字音频的波形能够达到的最大值。

● **音色**。音色是由于基音和泛音的不同所带来的一种声音属性，钢琴、提琴、笛子等乐器发出的声音不同，便是它们音色不同所导致的。

知识补充

　　基音和泛音都是声乐领域的专用术语，可以这样来简单理解这两个概念：当发声体由于振动而发出声音时，声音一般可以分解为许多单纯的正弦波，基本上，所有自然的声音都是由许多频率不同的正弦波所组成的，其中频率最低的正弦波为基音（基本频率），而其他频率较高的正弦波则为泛音，如图 3-1 所示。

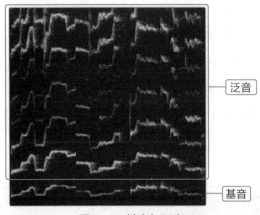

图3-1 基音与泛音

2. 影响数字音频质量的因素

就数字音频而言，音频质量的好坏主要取决于采样频率、取样大小、声道数等因素。

● **采样频率**。采样频率又称取样频率、采样率，是指将声音的模拟信号转换为数字信号时，每秒钟所抽取波形幅度样本的次数。采样频率越高，则经过数字化处理的波形就越接近原始的波形，这就意味着音频的保真度越高，音频的质量越好。

● **取样大小**。取样大小又称量化位数，是每个采样点能够表示的数据范围。例如，8 位量化位数可以表示为 2^8，即 256 个不同的量化值；16 位量化位数则可表示为 2^{16}，即 65536 个不同的量化值。取样大小越高，音频质量越好，同时数据量也越大。

● **声道数**。声道数指所使用的音频通道的个数，它代表着音频只有一个波形（单音或单声道）还是有两个波形（立体声或双声道）。立体声听起来要比单声道更丰富，但需要两倍于单声道的存储空间。

3. 音频文件的常见格式

音频文件有许多格式，这里重点介绍平时较常见的 4 种，具体如图 3-2 所示。

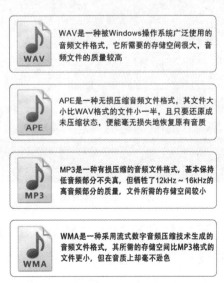

图3-2 常见音频文件格式

4．Adobe Audition CC 2018 的操作界面

本项目案例均采用 Adobe Audition CC 2018 进行制作。启动 Adobe Audition CC 2018，打开图 3-3 所示的操作界面。该操作界面主要由菜单栏、工具栏和各种面板组成，各组成部分的作用与 Photoshop CC 2018 中对应组成部分的作用相似，这里重点介绍波形编辑器和多轨编辑器所对应的面板情况。

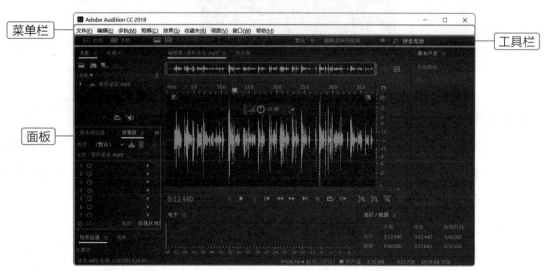

图3-3　Adobe Audition CC 2018操作界面组成

（1）波形编辑器

默认情况下，启动 Adobe Audition CC 2018 后，工具栏左侧的 波形 按钮呈蓝色状态，表示此时的"编辑器"面板处于波形编辑器的状态，如图 3-4 所示。在波形编辑器中可以创建并编辑单个音频文件。需要注意的是，反相、反向、降噪、声音移除等功能也只能在波形编辑器中使用。下面介绍波形编辑器中部分工具的作用。

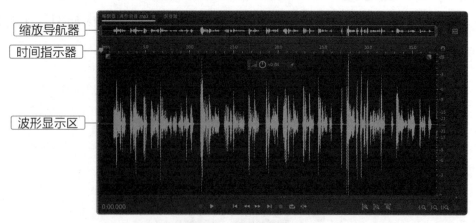

图3-4　波形编辑器

● **缩放导航器**。该工具用于缩放和定位波形显示区中的波形对象。拖曳缩放导航器左右两侧的灰色矩形块可缩放波形；将鼠标指针移至缩放导航器上，鼠标指针将变为手形，此时拖曳缩放导航器，可以快速定位到需要显示的波形区域，如图 3-5 所示。

图3-5 利用缩放导航器定位波形

● **时间指示器**。拖曳时间指示器可以定位波形位置，直接在波形显示区中单击也能实现相同操作。

● **波形显示区**：在该区域中，音频文件的内容将显示为具有一系列正负峰值的波形图像。

（2）多轨编辑器

多轨编辑器中包含多个音频轨道，主要用于合成声音。在工具栏左侧单击 ▦ 多轨 按钮，将打开"新建多轨会话"对话框，在其中可设置"会话名称""文件夹位置""采样率"等，单击 确定 按钮，进入创建的多轨编辑器中，如图 3-6 所示。在多轨编辑器中，可以同时编辑多个音频文件，双击某个轨道上的音频文件后将进入该文件的波形编辑器，若想返回多轨编辑器，只需再次单击工具栏中的 ▦ 多轨 按钮即可。

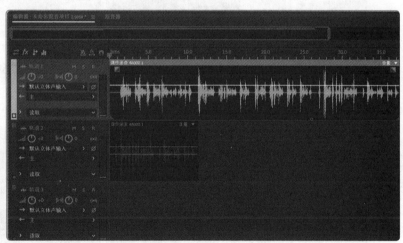

图3-6 进入多轨编辑器

5. 常见的音频剪辑方法

音频常见的剪辑方法包括选择音频、删除音频、裁剪音频、移动音频、复制音频等，下面依次介绍在波形编辑器中实现这些操作的方法。

● **选择音频**。单击工具栏中的时间选择工具 Ⅰ，然后按住鼠标左键，在波形编辑器中拖曳鼠标指针，选择需要的音频区域。

● **删除音频**。选择需要删除的音频区域，然后选择【编辑】/【删除】菜单命令或按【Delete】键即可将其删除，如图3-7所示。

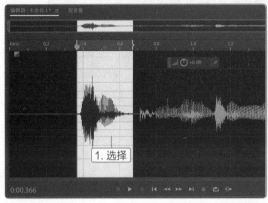

图3-7　删除所选的音频区域

● **裁剪音频**。选择需要裁剪的音频区域，选择【编辑】/【裁剪】菜单命令或按【Ctrl+T】组合键，将保留选择的音频区域，删除未选择的其他区域，如图3-8所示。

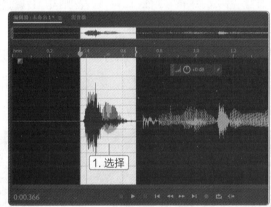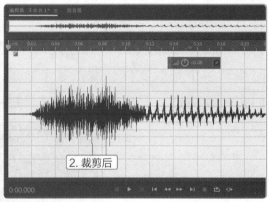

图3-8　裁剪所选的音频区域

● **移动音频**。选择需要移动的音频区域，选择【编辑】/【剪切】菜单命令或按【Ctrl+X】组合键剪切音频，单击以确定目标区域，选择【编辑】/【粘贴】菜单命令或按【Ctrl+V】组合键，便可将所选的音频区域移动到目标位置，如图3-9所示。

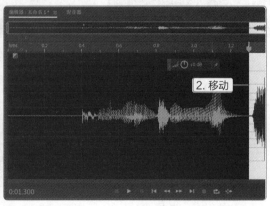

图3-9　移动所选的音频区域

● **复制音频**。选择需要复制的音频区域，选择【编辑】/【复制】菜单命令或按【Ctrl+C】组合键复制音频，单击以确定目标区域后，选择【编辑】/【粘贴】菜单命令或按【Ctrl+V】组合键，便可将所选的音频区域粘贴到目标位置，如图3-10所示。

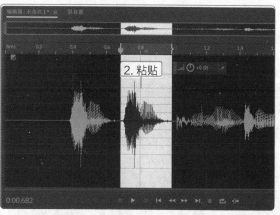

图3-10　复制所选的音频区域

知识补充

　　若需要快速将选择的音频区域复制到新文件中，可在选择了该音频区域后，选择【编辑】/【复制到新文件】菜单命令或按【Shift+Alt+C】组合键。

任务实施

1. 删除多余音频

为了让课件录音听上去更加合理和流畅，需要删除音频中多余的内容，具体操作如下。

微课视频

删除多余音频

❶ 启动 Adobe Audition CC 2018，选择【文件】/【打开】菜单命令，打开"课件录音 .mp3"素材文件，按【Space】键播放音频内容，以便确定哪些地方需要删除，如图 3-11 所示。预览过程中再次按空格键可停止播放。

图3-11　打开并播放音频内容

② 删除第一句话结尾处的"呀"内容。在"选区 / 视图"面板的"开始"栏的第 1 个文本框中单击，然后将其中的时间修改为"0:02.615"，如图 3-12 所示。

③ 在"结束"栏的第 1 个文本框中单击，将其中的时间修改为"0:02.818"，如图 3-13 所示。

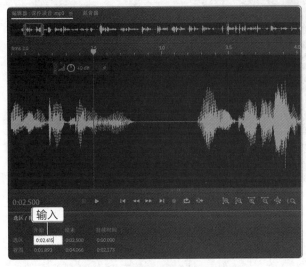
图 3-12 输入音频区域起始位置

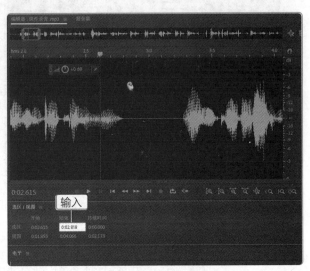
图 3-13 输入音频区域结束位置

④ 按【Enter】键，Adobe Audition CC 2018 将根据设置的选区起始时间和结束时间精确选择对应的音频区域，如图 3-14 所示。

⑤ 单击"编辑器"面板，按【Delete】键删除选择的音频区域，如图 3-15 所示。

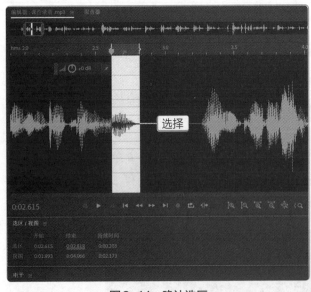
图 3-14 确认选区

图 3-15 删除选区

⑥ 拖曳鼠标重新选择删除内容后的第一段音频区域，按【Space】键试听内容，如图 3-16 所示。如果内容仍然不太理想，可按【Ctrl+Z】组合键撤销操作，然后重新选择音频区域并执行删除操作。

⑦ 在"选区 / 视图"面板的"开始"栏的第 1 个文本框中将时间修改为"0:06.359"，将"结束"栏的第 1 个文本框中的时间修改为"0:06.463"，按【Enter】键确认选区。单击"编辑器"面板，按【Delete】键删除选择的音频区域，如图 3-17 所示。

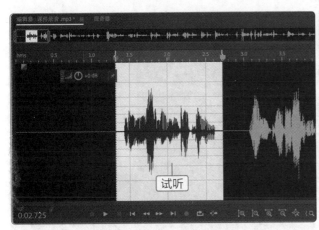

图3-16　试听删除后的效果

图3-17　删除选区

⑧ 按照相同的方法删除课件录音中多余的内容，包括两个"那么"，以及最后一句"今天要讲的一个内容"中的"一个"，如图 3-18 所示。

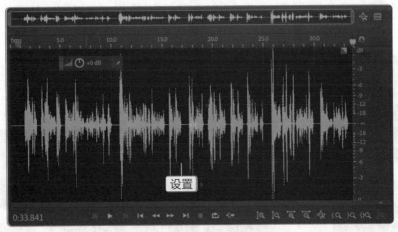

图3-18　删除其他多余的内容

2. 复制音频

试听音频内容后发现，开始处"是离不开先天遗传和后天环境的影响与作用"这句话的结尾处少了一个"的"字，因此我们可以复制这句话中的"的"字，然后将其粘贴在结尾处，修改音频内容，具体操作如下。

微课视频

复制音频

① 依次在"选区 / 视图"面板的"开始"栏和"结束"栏的第 1 个文本框中将时间修改为"0:08.600"和"0:08.800"，按【Enter】键确认选区。单击"编辑器"面板，按【Ctrl+C】组合键复制选择的音频区域，如图 3-19 所示。

② 在"选区 / 视图"面板的"开始"栏和"结束"栏的第 1 个文本框中将时间修改

为"0:09.912"和"0:10.108"，按【Enter】键确认选区。单击"编辑器"面板，如图 3-20 所示。

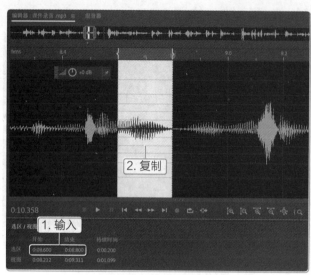

图3-19　复制音频区域　　　　　　　　　　　　图3-20　选择音频区域

③ 按【Ctrl+V】组合键粘贴复制的音频区域，如图 3-21 所示。

④ 按【Ctrl+S】组合键保存音频文件，在打开的提示对话框中选中"不再显示此警告"复选框，然后单击 是 按钮，如图 3-22 所示。

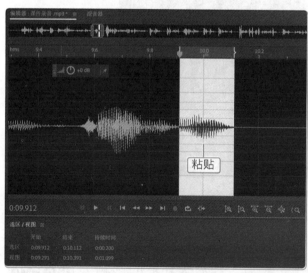

图3-21　粘贴音频区域

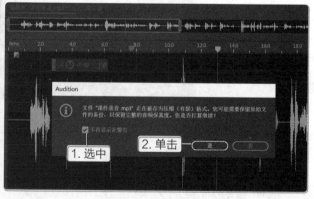

图3-22　确认保存

知识补充

　　使用 Adobe Audition CC 2018 的【静音】命令可以快速将选择的音频区域设置为静音，常用于制作停顿的效果。其实现方法为：选择需要静音的音频区域，选择【编辑】/【插入】/【静音】菜单命令，打开"插入静音"对话框，输入静音的持续时间，单击 确定 按钮，如图 3-23 所示。

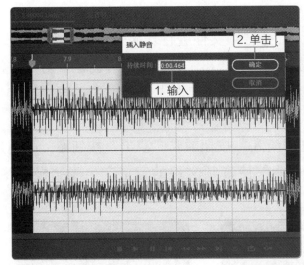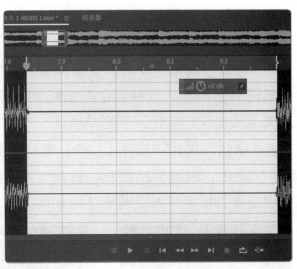

图3-23 创建静音

任务二 合成朗诵声音

通过在多轨编辑器中剪辑与合成音频文件，可以制作出内容丰富的声音效果，让音频文件更加符合使用要求。

 任务目标

米拉需要编辑一段女声朗诵的声音，让整个朗诵更加自然、流畅；还需要在朗诵的开始处与结尾处各添加一段钢琴背景音乐，让背景音乐与朗诵更加"柔和"地衔接在一起。

效果预览

朗诵声音

素材所在位置　素材文件\项目三\任务二\朗诵.wav、背景音乐.mp3
效果所在位置　效果文件\项目三\任务二\朗诵声音.mp3

  相关知识

1. 淡化音频

淡化音频能够让音频产生淡入或淡出效果，使声音的出现和结束更加自然。利用"编辑器"面板中的"淡入"按钮■和"淡出"按钮■，就能轻松为音频设置淡化效果。Adobe Audition CC 2018 提供了 3 种淡化类型,分别是"线性"淡化、"对数"淡化和"余弦"淡化。

● **"线性"淡化**。水平拖曳"淡入"按钮■或"淡出"按钮■，可创建"线性"淡化，如图3-24所示。这种淡化类型适用于对大部分音频文件进行均衡音量变化的操作。

● **"对数"淡化**。非水平拖曳"淡入"按钮■或"淡出"按钮■，可创建"对数"淡化，如图3-25所示。这种淡化类型能够使音频文件的音量产生先缓慢平稳，再快速变化的效果（或先快速变化，后缓慢平滑）。

● **"余弦"淡化**。按住【Ctrl】键并拖曳"淡入"按钮■或"淡出"按钮■，可创建"余弦"淡化，如图3-26所示。这种淡化类型能够使音频文件的音量产生先缓慢平稳，再快速变化，结束时再缓慢平稳的效果。

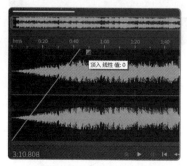
图3-24 "线性"淡化

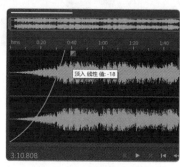
图3-25 "对数"淡化

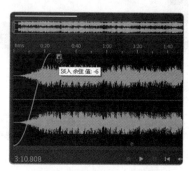
图3-26 "余弦"淡化

2. 交叉淡化

在多轨编辑器中添加交叉淡化，可以使同一音轨上的两段音频文件重叠后过渡得更加自然。实现交叉淡化的方法为：将两段音频文件添加到同一音轨上，移动其中一个音频文件使它们重叠，重叠部分为过渡区域，然后在重叠区域拖曳"淡入"按钮■调整淡化效果，如图3-27所示。

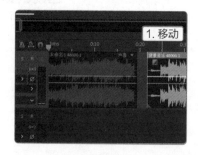
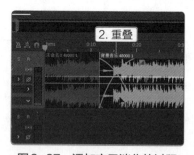
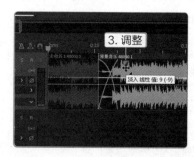
图3-27 添加交叉淡化的过程

3. 切断多轨音频文件

在多轨编辑器中切断音频文件的方法为：单击工具栏中的切断所选剪辑工具■，在多轨编辑器目标音轨的音频文件上单击以切断音频文件，然后可以使用移动工具■移动切断的音频文件至其他音轨，如图3-28所示，也可对切断的音频文件执行删除等其他操作。

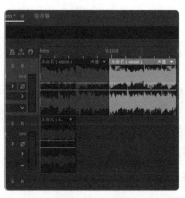

图3-28 切断并移动音频文件的过程

4. 快速对齐音频文件

在多轨编辑器中使用对齐功能可以使剪辑后的音频文件与其他文件快速对齐。实现此效果需要同时开启两个功能：首先单击时间轴左侧的"切换对齐"按钮，使其呈蓝色开启状态，如图 3-29 所示，然后选择【编辑】/【对齐】/【对齐到剪辑】菜单命令，使该命令左侧出现标记，如图 3-30 所示。此后拖曳音频文件到对齐点时，多轨编辑器中会显示一条蓝色标线，该标线可以自动吸附其他音频文件的边缘，从而达到快速对齐的效果，如图 3-31 所示。

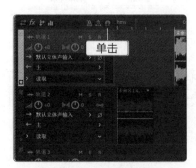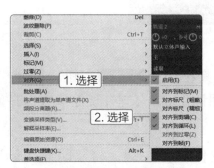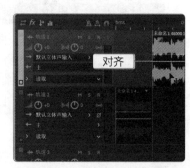

图3-29 开启按钮   图3-30 开启命令   图3-31 快速对齐音频

5. 快速复制音频文件

在工具栏中单击移动工具，将鼠标指针移动到需要复制的音频文件上，按住鼠标右键并拖曳至目标位置，释放鼠标右键后将弹出快捷菜单，在其中选择【复制到当前位置】命令，可快速复制音频文件，如图 3-32 所示。

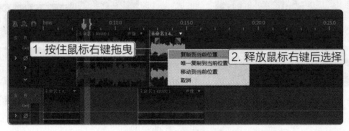

图3-32 复制音频

任务实施

1. 导入素材并创建多轨文件

要合成朗诵声音，需要导入音频素材并创建多轨文件，然后将素材添加到对应的音轨上，具体操作如下。

❶ 启动 Adobe Audition CC 2018，单击"文件"面板中的"导入文件"按钮，如图 3-33 所示。

❷ 打开"导入文件"对话框，框选"背景音乐.mp3"和"朗诵.wav"两个音频素材，单击 打开(O) 按钮，如图 3-34 所示。

图3-33　导入文件

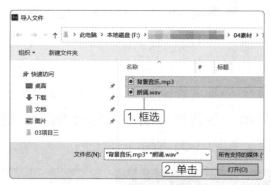

图3-34　选择文件

❸ 导入素材后，单击工具栏中的 多轨 按钮，打开"新建多轨会话"对话框。在"会话名称"文本框中输入"朗诵声音"文本，其他参数保持默认设置，单击 确定 按钮，如图 3-35 所示。

❹ 进入多轨编辑器，按住鼠标左键，将"朗诵.wav"素材文件拖曳到"轨道1"的时间轴上，释放鼠标左键后打开提示对话框，单击 确定 按钮，如图 3-36 所示，让 Adobe Audition CC 2018 根据多轨会话的采样率自动生成与之匹配的"朗诵.wav"素材文件。

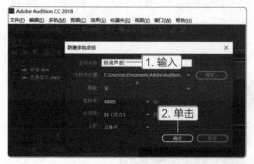

图3-35　新建多轨会话

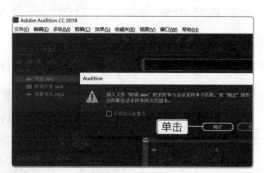

图3-36　确认操作

❺ 此时"朗诵.wav"素材文件将被添加到"轨道1"的时间轴上，如图 3-37 所示。

同时，在"文件"面板中会自动生成一个与多轨会话采样率匹配的素材文件。

⑥ 使用相同的方法将"背景音乐.mp3"素材文件添加到"轨道2"的时间轴上，如图3-38所示。

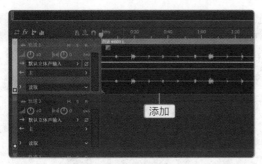

图3-37 添加音频文件1

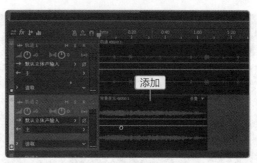

图3-38 添加音频文件2

2. 切断并调整音频文件

由于"朗诵.wav"素材文件中的内容不符合正常的朗诵和阅读习惯，因此需要通过将音频切断、删除和移动等操作来调整该素材，具体操作如下。

① 单击工具栏中的切断所选剪辑工具🖊，在"朗诵.wav"素材文件中的第一个波形左侧单击以切断音频，如图3-39所示。

② 在该波形的右侧单击以切断音频，如图3-40所示。

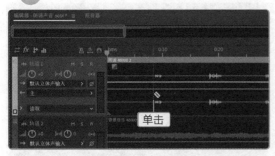

图3-39 切断音频1

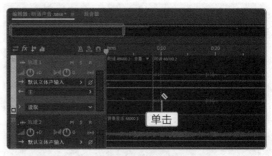

图3-40 切断音频2

③ 在工具栏中单击移动工具🖐，选择切断的音频的左侧部分，按【Delete】键将其删除，如图3-41所示。

④ 使用相同的方法切断并删除其他音频，仅保留各波形区域，如图3-42所示。

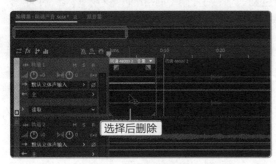

图3-41 删除音频

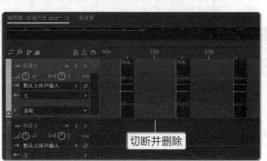

图3-42 切断并删除其他音频

⑤ 使用移动工具■■将第 1 段音频部分拖曳至 11 秒附近，为后面合成时需要的背景音乐预留出一定的时间，如图 3-43 所示。

⑥ 调整其他音频部分的位置，使整个朗诵内容更加流畅、优美，如图 3-44 所示。

图3-43　移动音频　　　　　　　　　　　　　　图3-44　调整其他音频位置

3. 删除并复制音频文件

下面处理背景音乐部分。首先切断并删除多余的内容，然后将剩余的背景音乐复制一份，放到"轨道 1"的末尾，具体操作如下。

微课视频

删除并复制
音频文件

① 将"轨道 2"音频文件在 12 秒左右的位置切断，如图 3-45 所示。

② 选择切断的音频的右侧部分，按【Delete】键将其删除，如图 3-46 所示。

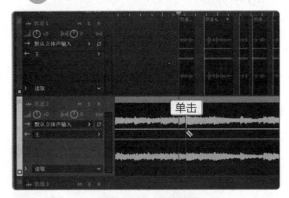

图3-45　切断音频　　　　　　　　　　　　　　图3-46　删除音频

知识补充

音频被切断和删除后，并不表示音频数据就丢失了。选择剩余的音频部分，在工具栏中单击滑动工具■■，然后将鼠标指针移动到音频部分上，按住鼠标左键左右拖曳，就可以看到音频数据仍然保留了下来。将鼠标指针定位到音频的左右边界上时，鼠标指针将变为类似弓箭的形状，此时拖曳鼠标可以增加或减少音频内容。

③ 将鼠标指针移动到剩余音频部分上，按住鼠标右键，将其拖曳到"轨道 1"的结尾空白区域，如图 3-47 所示。

④ 释放鼠标右键，在弹出的快捷菜单中选择【复制到当前位置】命令，如图 3-48

所示。

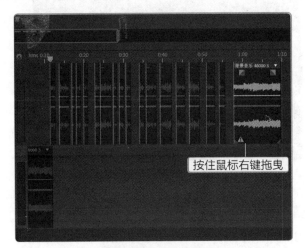

图3-47 拖曳音频

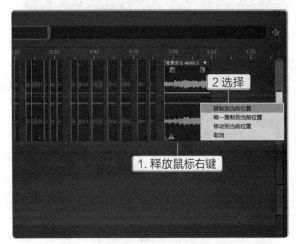

图3-48 复制音频

微课视频

创建交叉淡化并
保存音频文件

4. 创建交叉淡化并保存音频文件

下面将"轨道2"的背景音乐拖曳到"轨道1"的音频前面,并创建和调整交叉淡化,然后按相同思路制作末尾的朗诵音频与背景音乐交叉淡化,并淡化结尾的背景音乐,最后将合成的音频导出为 MP3 格式的音频文件,具体操作如下。

❶ 使用移动工具 拖曳"轨道2"的背景音乐至"轨道1"的开始位置,此时将自动为重叠区域添加交叉淡化,如图 3-49 所示。

❷ 拖曳"淡出"按钮 ,增加交叉淡化的区域,如图 3-50 所示。

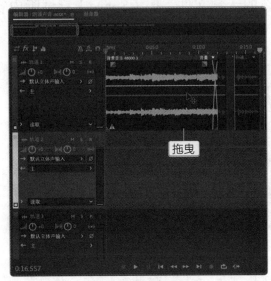

图3-49 拖曳音频

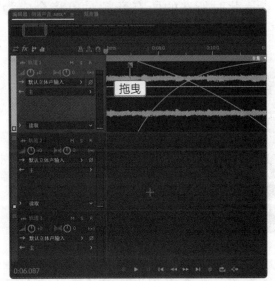

图3-50 增加交叉淡化区域

❸ 拖曳末尾处的背景音乐,使其与左侧的音频有适当的重叠区域,如图 3-51 所示。

❹ 拖曳"淡入"按钮 ,增加交叉淡化的区域,如图 3-52 所示。

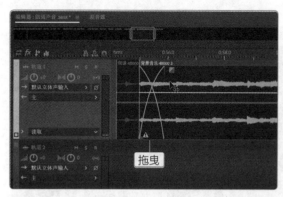
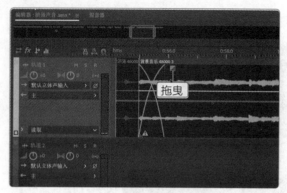

图3-51　拖曳音频　　　　　　　　　　　　　图3-52　增加交叉淡化区域

5 拖曳结尾背景音乐上的"淡出"按钮■，为其添加淡出效果，如图 3-53 所示。

6 使用移动工具■框选所有音频对象，如图 3-54 所示。

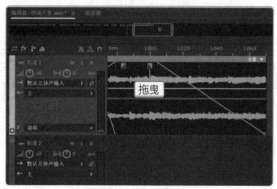
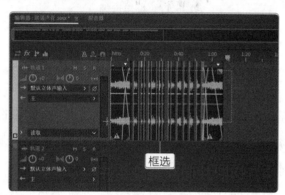

图3-53　添加淡出效果　　　　　　　　　　　图3-54　框选所有音频

7 选择【多轨】/【将会话混音为新文件】/【所选剪辑】菜单命令，如图 3-55 所示。

8 此时所选的所有音频对象将合成为一个新的音频文件，按【Space】键试听内容，如图 3-56 所示。

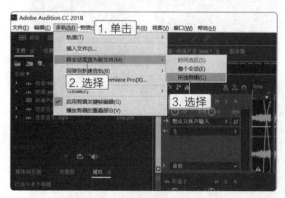

图3-55　将会话混音为新文件　　　　　　　图3-56　试听音频内容

9 确认内容无误后，按【Ctrl+S】组合键打开"另存为"对话框，在"格式"下拉列表框中选择"MP3 音频"选项，在"文件名"文本框中输入"朗诵声音 .mp3"文本，单击 确定 按钮完成操作，如图 3-57 所示。

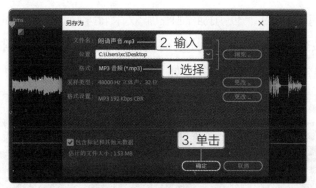

图3-57 保存音频文件

制作数字音频时，一定要重视音频开始、结束，以及音频与音频之间衔接时的淡化效果。一般情况下，具有逐渐淡入和淡出效果的音频会显得更加自然和顺畅，更符合用户的听觉感受。

任务三 处理人声素材

对于使用麦克风或录音笔等工具录制的人声，往往需要进行一些处理，才能得到想要的声音效果。Adobe Audition CC 2018 中提供了大量的音频效果，可以充分利用这些功能设置和处理声音。

效果预览

人声素材

任务目标

米拉的小侄子着急地拿着 U 盘找到她，原来小侄子应学校要求录制了一段科普解说，但无论怎么录制，声音效果都很不理想。米拉听了录音内容后，发现里面确实存在较多的问题，例如噪声很大、整体录音音量过大等。于是米拉决定对症下药，利用老洪教给她的方法来处理小侄子的录音问题。

素材所在位置 素材文件\项目三\任务三\人声.wav
效果所在位置 效果文件\项目三\任务三\人声.mp3

 相关知识

1. 强制限幅效果

使用强制限幅效果能够将信号幅度强制限定在一定的范围内，以确保音频不会出现音量过大或过小的问题。同时，使用强制限幅效果能较好地控制起始时间和峰值，以达到理想的波形。使用该效果的方法为：选择【效果】/【振幅与压限】/【强制限幅】菜单命令，打开"效果 - 强制限幅"对话框，如图 3-58 所示。

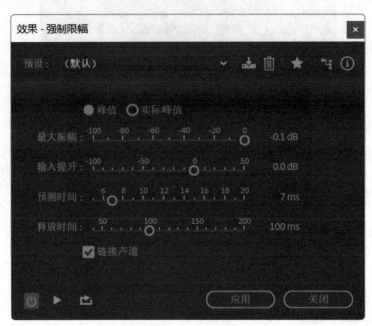

图3-58　"效果－强制限幅"对话框

其中各选项的含义分别如下。

● **最大振幅**。该选项用于控制最大音量，起始值为0dB。如将其调整至-10dB，则超过 -10dB 的音量将不会显示。

● **输入提升**。该选项用于控制最小音量，起始值为0dB。如将其调整至10dB，则低于 10dB 的音量将不会显示。

● **预测时间**。该选项用于确定在记录另一次振幅变化之前保持当前振幅电平的毫秒数。若该值过小，则音频会出现扭曲效果。通常情况下，应保证该值大于5ms。

● **释放时间**。该选项用于设置音频减弱向回反弹12dB所需的时间。若该值过大，则音频可能会保持安静，并在一定时间内不会恢复到正常音量。通常情况下，应保证该值为100ms。

● **链接声道**。该选项用于链接所有声道的响度，以保持立体声或环绕声平衡。

2．延迟效果

使用延迟效果能够使音频产生不同效果的回声。Adobe Audition CC 2018 自带 14 种延迟效果，可以直接选择某种预设的延迟效果快速设置延迟，也可以通过自定义来设置。使用该效果的方法为：选择【效果】/【延迟与回声】/【延迟】菜单命令，打开"效果 - 延迟"对话框，如图 3-59 所示。

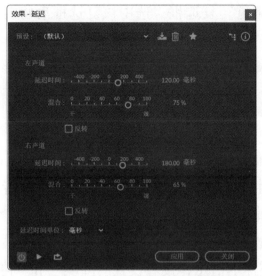

图3-59 "效果-延迟"对话框

其中各选项的含义分别如下。

● **延迟时间**。"左声道"栏和"右声道"栏中均有该选项，若该值均为0毫秒，则此时没有延迟效果；若将该值调整至正数，则延迟该值的时间；若将该值调整至负数，则提前该值的时间。

● **混合**。该选项用于设置混合到最终输出中经过处理的信号与原始的信号的比率。该值若设置为50，则平均混合；若大于50，则经过处理的信号占比更高；若小于50，则原始的信号占比更高。

3．标准化效果

直接录制的音频文件的音量可能会过大或过小，而使用标准化效果可以将音频的音量调整得更加统一。使用该效果的方法为：选择【效果】/【振幅与压限】/【标准化（处理）】菜单命令，打开"标准化"对话框，如图3-60所示。

图3-60 "标准化"对话框

其中各选项的含义分别如下。

● **"标准化为"复选框**。选中该复选框后可调整波形的整体振动幅度，也就是调整音量大小，其后的文本框用于设置具体的值。

● **"平均标准化全部声道"复选框**。选中该复选框后将对所有声道中的振幅进行平均处理。

● **"DC 偏差调整"复选框**。选中该复选框后可调整波形的中心线位置，进而控制左右声道的标准化效果。

4. 降噪效果

如果录音现场有无法抑制的其他声音，则录制出的音频文件中就可能出现很多噪声，从而影响音频的质量，这时就需要使用降噪效果来处理，其方法为：选择【效果】/【降噪 / 恢复】/【降噪（处理）】菜单命令，打开"效果 - 降噪"对话框，在"编辑器"面板中使用时间选择工具 I 选择"音频"中极具代表性的噪声波形，然后单击对话框中的 捕捉噪声样本 按钮捕捉噪声样本信息，接着设置"降噪"和"降噪幅度"值来确定降噪的强度和幅度，然后依次单击 选择完整文件 按钮和 应用 按钮，对整个音频文件进行降噪处理，如图 3-61 所示。

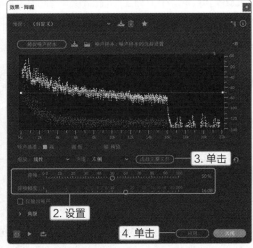

图3-61　降噪处理的过程

知识补充　对音频文件进行降噪处理时，一方面要注意"降噪"和"降噪幅度"的值不能设置得过高，否则会影响音频原来的内容；另一方面，可以对同一文件进行多次降噪处理，每次降噪可以选择不同的噪声样本，这样可以更好地处理掉噪声。

 任务实施

微课视频
设置强制限幅和
标准化效果

1. 设置强制限幅和标准化效果

下面将提供的音频文件直接拖曳到打开的 Adobe Audition CC 2018 操

作界面中，然后依次为该音频文件设置强制限幅和标准化效果，适当调整音频内容的振幅和音量等，具体操作如下。

❶ 启动 Adobe Audition CC 2018，打开保存"人声 .wav"音频文件的文件夹，直接将该音频文件拖曳到操作界面中，如图 3-62 所示。

❷ 选择【效果】/【振幅与压限】/【强制限幅】菜单命令，如图 3-63 所示。

图3-62　添加音频文件

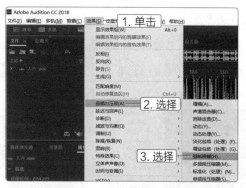

图3-63　选择【强制限幅】命令

❸ 打开"效果 - 强制限幅"对话框，设置"最大振幅""输入提升""预测时间"分别为"-5.0dB""5.0dB""6ms"，单击 应用 按钮，如图 3-64 所示。

❹ 选择【效果】/【振幅与压限】/【标准化（处理）】菜单命令，如图 3-65 所示。

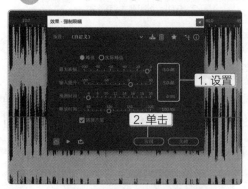

图3-64　设置强制限幅效果

图3-65　选择【标准化（处理）】命令

❺ 打开"标准化"对话框，设置"标准化为"为"80%"，单击 应用 按钮，如图 3-66 所示。

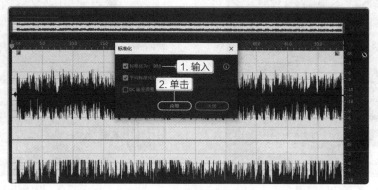

图3-66　设置标准化效果

2．降噪处理

由于音频文件中的噪声过大，对音频内容造成了非常严重的影响，因此现在需要多次降噪，尽可能将噪声处理掉，让音频听上去更加"干净"，具体操作如下。

1 选择【效果】/【降噪 / 恢复】/【降噪（处理）】菜单命令或按【Ctrl+Shift+P】组合键，如图 3-67 所示。

2 打开"效果 - 降噪"对话框，在"编辑器"面板中放大音频显示比例，选择其中具有代表性的噪声样本，然后单击 捕捉噪声样本 按钮，如图 3-68 所示。

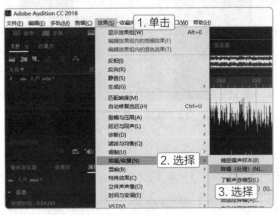

图3-67　选择【降噪（处理）】命令

图3-68　捕捉噪声样本

3 Adobe Audition CC 2018 将根据采集的样本进行分析，此时将"降噪""降噪幅度"分别设置为"50%""15dB"，单击 选择完整文件 按钮，单击 应用 按钮，如图 3-69 所示。

4 Adobe Audition CC 2018 将以选择的噪声样本为参考对整个音频文件进行降噪处理。按【Ctrl+Shift+P】组合键再次打开"效果 - 降噪"对话框，重新选择其他未处理掉且具有代表性的噪声样本，依次单击 捕捉噪声样本 按钮、设置"降噪""降噪幅度"、单击 选择完整文件 按钮、单击 应用 按钮，如图 3-70 所示。

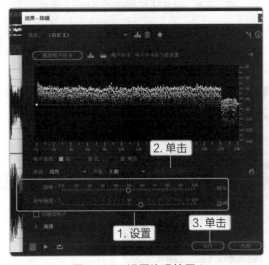

图3-69　设置降噪效果1

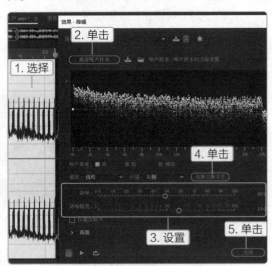

图3-70　设置降噪效果2

⑤ 使用相同的方法对音频文件进行多次降噪处理，如图 3-71 所示。

图3-71 多次降噪处理

知识补充　　　多次降噪处理会造成音频在一定程度上失真，有时也会导致振幅过度减小。此时可以选择【效果】/【振幅与压限】/【增幅】菜单命令，在打开的"效果 – 增幅"对话框中适当设置"增益"值来强化音频振幅，以提高音量。

实训一　处理介绍产品的音频文件

效果预览

产品介绍

【实训要求】

本实训将处理"产品介绍 .wav"音频文件，一方面使其更加符合用户的听觉感受，另一方面提高音频文件的音质效果。

素材所在位置　素材文件\项目三\实训一\产品介绍.wav
效果所在位置　效果文件\项目三\实训一\产品介绍.mp3

【实训思路】

该音频文件在开始时显得有些突兀，因此需要为其留足一定的静音空间，避免用户刚打开文件还没准备好就已经开始了。另外，音频文件的音量较小，声音整体感觉比较干涩，因此还需要对其应用一定的效果。最后，为了减小音频文件的大小，需要将其以MP3 格式进行保存。

【步骤提示】

微课视频

编辑产品介绍

❶ 在 Adobe Audition CC 2018 中打开该音频文件，找到并选择一段没有波形的区域，将其复制并粘贴到音频的开始处。

❷ 根据听觉习惯，适当增加或删除每句话之间的空白区域。

❸ 选择【效果】/【振幅与压限】/【标准化（处理）】菜单命令，设置"标准化为"为"100%"。

❹ 选择【效果】/【延迟与回声】/【延迟】菜单命令，选择预设的"房间临场感"延迟效果，然后设置左右声道的"延迟时间"和"混合"均为"50毫秒"和"20%"。

❺ 选择【文件】/【另存为】菜单命令，将音频文件保存为 MP3 格式。

实训二　合成背景音乐

效果预览

背景音乐

【实训要求】

本实训将在已有的背景音乐上，为其添加流水、鸟叫等大自然的声音，让背景音乐听起来更加丰富。

素材所在位置 素材文件\项目三\实训二\背景音乐.wav、流水.m4a、鸟叫.mp3
效果所在位置 效果文件\项目三\实训二\背景音乐.mp3

【实训思路】

要想将多个音频文件合成为一段背景音乐，首先需要创建多轨会话，然后在多轨编辑器中选择需要的音频部分并进行处理，最后选择【多轨】/【将会话混音为新文件】菜单命令实现合成操作。

【步骤提示】

微课视频

合成背景音乐

❶ 在 Adobe Audition CC 2018 中打开 3 个音频文件，然后创建"合成背景音乐"多轨会话，分别将"背景音乐 .wav""流水 .m4a""鸟叫 .mp3"拖曳到"轨道1""轨道2""轨道3"的开始处。

❷ 双击"轨道1"中的"背景音乐 .wav"，进入波形编辑器，选择【效果】/【振幅与压限】/【增幅】菜单命令提升其音量（选择"+10dB 提升"预设选项）。

❸ 用相同方法降低"流水 .m4a"音频文件的音量（选择"-10dB 削减"预设选项）。

❹ 处理"鸟叫 .mp3"音频文件的噪声问题，然后提升其音量（选择"+10dB 提升"预设选项）。

❺ 在多轨面板中，按住【Alt】键拖曳"轨道2"和"轨道3"中的音频文件，得到

复制的音频文件，使其长度超过"背景音乐 .wav"音频文件。

⑥ 以"背景音乐 .wav"淡出后的位置为参考，切断并删除"轨道 2"和"轨道 3"中音频文件超出的区域。

⑦ 将"轨道 2"和"轨道 3"中音频文件的最后部分做淡出处理，使其淡出效果同步于"背景音乐 .wav"音频文件。

⑧ 选择【多轨】/【将会话混音为新文件】/【整个会话】菜单命令，将所有轨道上的音频合成"背景音乐 .mp3"音频文件。

课后练习

练习1: 录制并处理诗歌朗诵音频文件

打开提供的"宋词 .txt"文本文件，按照里面的内容录制诗歌朗诵音频，然后利用 Adobe Audition CC 2018 处理录制的音频。

素材所在位置 素材文件\项目三\练习1\宋词.txt
效果所在位置 效果文件\项目三\练习1\宋词.mp3

操作要求如下。

① 使用智能手机录制音频。

② 通过智能手机中的 QQ App 将录制的音频传输到计算机上。

③ 利用 Adobe Audition CC 2018 处理音频中的噪声部分。

④ 通过标准化、增幅、强制限幅等效果调整音频的振幅。

⑤ 为音频添加适量的延迟效果，使音频听上去更加立体。

效果预览

诗歌朗诵

练习2: 为诗歌朗诵音频文件添加并合成背景音乐

处理背景音乐中的噪声和音量大小，然后将上一个练习中制作的"宋词 .mp3"音频文件与背景音乐合成为"诗歌朗诵 .mp3"音频文件。

素材所在位置 素材文件\项目三\练习2\宋词.mp3、背景音乐.m4a
效果所在位置 效果文件\项目三\练习2\诗歌朗诵.mp3

操作要求如下。

① 添加"宋词 .mp3""背景音乐 .m4a"，建立多轨会话。

② 对"背景音乐 .m4a"进行降噪处理。

③ 切断并删除"背景音乐 .m4a"多余的部分，并对结尾做淡化处理。

④ 将多轨音频合成为"诗歌朗诵 .mp3"音频文件。

效果预览

诗歌朗诵的合成
背景音乐

1. 使用 Adobe Audition CC 2018 录制声音

如果计算机上连接有麦克风等音频输入设备，那么可以直接在 Adobe Audition CC 2018 中录制声音，其方法为：在 Adobe Audition CC 2018 中单击"编辑器"面板下方的"录制"按钮，打开"新建音频文件"对话框，在其中设置"音频文件名""采样率""声道""位深度"等，单击确定按钮便可开始录音，完成录制后单击面板下方的"停止"按钮就能得到音频文件，如图 3-72 所示。

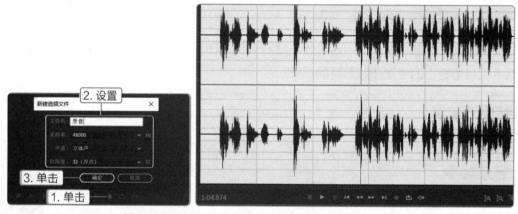

图 3-72　使用 Adobe Audition CC 2018 录制声音

2. 将文字转换为声音

除了可以录音外，Adobe Audition CC 2018 甚至可以直接将文字素材转换为声音，其方法为：选择【效果】/【生成】/【语音】菜单命令，在打开的对话框中输入或复制文字内容，设置"说话速率"和"音量"，然后单击确定按钮，如图 3-73 所示，Adobe Audition CC 2018 便可将文字转换为声音。

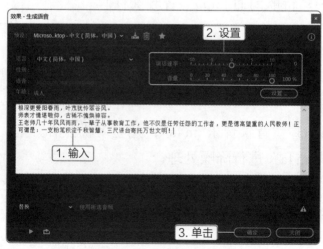

图 3-73　将文字转换为声音

项目四

使用Animate制作数字动画

04

情景导入

米拉：老洪，Animate是什么软件？用它能制作三维动画吗？

老洪：Animate是一种交互式矢量动画制作工具，主要用于制作二维平面动画，这些动画被广泛应用于网页上。

米拉：那为什么不用Flash制作呢？

老洪：Animate的前身就是曾经大名鼎鼎的Flash，随着新的网页动画制作技术的出现，Flash已经被逐渐淘汰了。Animate在Flash的基础上做了许多改进，新增了很多好用的功能，能够满足当下网页动画制作的要求。

米拉：原来如此，那Animate学习起来难吗？

老洪：Animate提供的动画制作工具都很人性化，即便是零基础的用户，也能够很快上手。

学习目标

- ○ 了解动画的基本概念与原理
- ○ 掌握元件与实例、帧与图层的基本操作
- ○ 熟悉动画的基本类型和创建方法
- ○ 掌握遮罩层和引导层的创建方法

技能目标

- ○ 能使用Animate制作动态文字效果
- ○ 能使用Animate制作GIF动态图标
- ○ 能使用Animate制作遮罩动画效果
- ○ 能使用Animate制作引导层动画效果

任务一　制作音乐节动画

Animate 是制作网页动画的主流软件，在网站设计、网络广告制作等领域的应用非常广泛。下面利用该软件来制作一个简单的音乐节动画效果。

 **任务目标**

由于音乐节的到来，公司内部网站需要进行更新，米拉借此机会准备制作一个简单的网页动画。该动画的主要内容是在酷炫的背景上设计一个能够左右摇摆和变换大小的动态文字，以营造出音乐节活力无限的气氛，参考效果如图 4-1 所示。

效果预览

音乐节动画参考效果

 素材所在位置　素材文件\项目四\任务一\背景.jpg
效果所在位置　效果文件\项目四\任务一\音乐节.fla

图4-1　音乐节动画参考效果

💬 **相关知识**

1. 动画的基本概念与原理

动画是一门通过在连续的胶片上拍摄一系列单个画面，从而产生运动视觉的技术。也可以说，动画是一种动态生成一系列相关画面的处理方法，画面中的每一帧与前一帧都略有不同。

动画是基于视觉暂留原理产生的。当人的眼睛在观看一个事物时，这个事物的影像会暂时停留在人的视觉里，这种现象叫作视觉暂留。例如，在黑暗的房间里让两个相距 2 米的小灯以 25~400 毫秒的时间间隔交替点亮和熄灭，我们看到的就是一个小灯在两个位置之间跳来跳去的画面，而不是两个灯分别点亮和熄灭的画面，如图4-2所示。这是由于一个灯点亮时，这个画面会在我们的视觉中保留一段十分短暂的时间，此时此灯熄灭，另一个灯点亮，在视觉上就会将两个灯当作一个灯，感觉只有一个灯在"跳来跳去"。根据这种原理，我们就可以利用多个静态的图像制作出动画效果了。

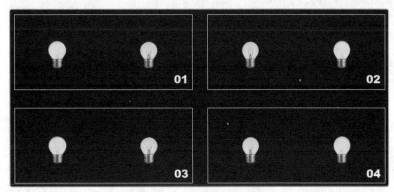

图4-2 "跳动"的小灯

2. Animate CC 2018 的操作界面

本项目案例均使用 Animate CC 2018 进行制作。启动 Animate CC 2018，打开图 4-3 所示的操作界面。该操作界面主要由菜单栏、工具箱（默认在操作界面左侧）、场景、舞台、"时间轴"面板和其他各种面板组成，这里重点介绍场景、舞台和"时间轴"面板的情况。

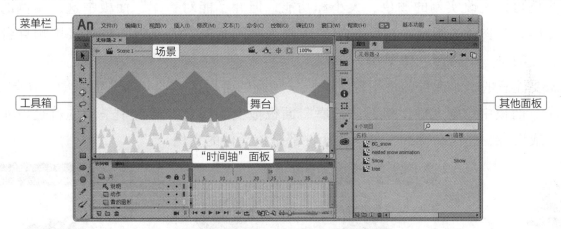

图4-3 Animate CC 2018的操作界面

● **场景**。在 Animate CC 2018 中，图形的制作、编辑和动画的创作都需要在场景中进行。一个动画可以包括多个场景。

● **舞台**。场景中的编辑区又叫舞台，对象只有位于舞台中才能在动画中显示出来。制作动画时，可以根据场景安排舞台内容，使动画效果更丰富。

● **"时间轴"面板**。要想使用 Animate CC 2018 制作出动画效果，就需要在"时间轴"面板中进行操作。"时间轴"面板的作用主要是控制动画的播放顺序和播放效果等。"时间轴"面板左侧为图层区，该区域用于控制和管理动画中的图层；右侧为帧控制区，由播放头、帧、时间标尺等部分组成，如图4-4所示。

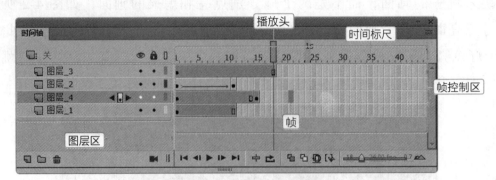

图4-4　"时间轴"面板的组成情况

　　　　　　播放头用于标识当前的播放位置，用户可以通过单击或拖曳等操作来定位位置；帧是 Animate CC 2018 中动画最基础的组成部分，播放动画时，按帧的排列顺序从左向右依次展现每一帧的内容；时间标尺用于显示当前位置的时间。

3. 元件与实例

　　在 Animate CC 2018 中，可以将一些需要重复使用的元素转换为元件以便随时调用，被调用的元件便是实例，实例具有元件的一切特性。元件与实例的区别在于：在舞台内修改实例可以更改实例的颜色、大小和功能，但并不能对"库"面板中这一实例的元件产生影响，如图 4-5 所示；相反，如果修改"库"面板中的元件，将直接影响舞台中该元件对应的每一个实例，如图 4-6 所示。

　　需要注意的是，元件的使用范围只限于动画的幕后区，即"库"面板中。换句话说，在"库"面板中的叫元件，将其从"库"面板拖曳到舞台，舞台中呈现的就是该元件的实例。或者说，任何在舞台中引用的元件都是该元件的实例。

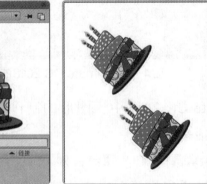
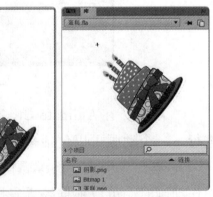

图4-5　修改实例不影响元件　　　　　　　图4-6　修改元件将影响其对应的所有实例

　　下面介绍一些关于元件的基本操作。

　　● **新建元件**。选择【插入】/【新建元件】菜单命令或按【Ctrl+F8】组合键，打开"创建新元件"对话框。在"名称"文本框中输入元件名称，在"类型"下拉列表框中选择元件类型，单击 确定 按钮便可创建需要的元件内容，如图4-7所示。

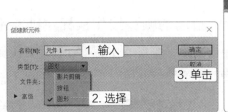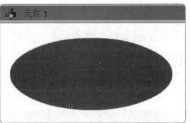

图4-7 新建元件

Animate CC 2018 包含3种元件类型：影片剪辑元件包含交互组件、图形、声音或其他影片剪辑实例，用于创建可重复使用的动画片段；按钮元件主要用于创建交互式动态按钮；图形元件用于创建各种图形，是最基本的元件类型。

● **将对象转换为元件**。使用选择工具 选择舞台中的图形对象，选择【修改】/【转换为元件】菜单命令或直接按【F8】键，打开"转换为元件"对话框。在"名称"文本框中输入元件名称，在"类型"下拉列表框中选择元件类型，单击 确定 按钮，如图4-8所示。

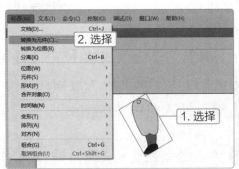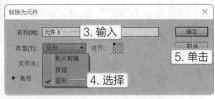

图4-8 转换元件

● **编辑元件**。在舞台中选择需要编辑的元件对应的实例，然后选择【编辑】/【编辑元件】菜单命令，或在该实例上单击鼠标右键，在弹出的快捷菜单中选择【编辑元件】命令，或者直接双击该实例，进入元件编辑窗口，编辑修改元件。

如果舞台中没有元件对应的实例，此时若想修改元件，可在"库"面板中双击需要编辑的元件选项，或在该选项上单击鼠标右键，在弹出的快捷菜单中选择【编辑】命令，进入元件编辑窗口。

4．帧的基本操作

帧是动画制作的关键，Animate CC 2018 的"时间轴"面板中将时长划分为许许多多的矩形块，每个矩形块对应一帧，连续播放每一帧的画面内容，就可以形成动画效果。下面介绍一些关于帧的基本操作。

● **选择帧**。单击鼠标可选择鼠标指针所指向的帧；按住鼠标左键并拖曳可框选多个帧；单击图层名称可选择对应图层的所有帧；按住【Ctrl】键单击或按住鼠标左键并拖曳可选择不连续的帧；按住【Shift】键单击可选择连续的帧，如图4-9所示。

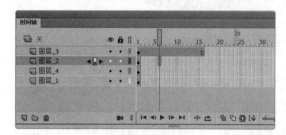
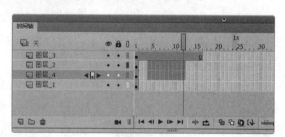

选择单个帧 　　　　　　　　　　　　　　　　　　框选多个帧

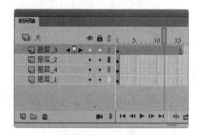
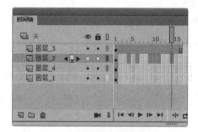
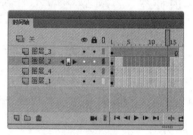

选择图层的所有帧　　　　　选择不连续的帧　　　　　选择连续的帧

图4-9　选择帧的操作

● **插入帧**。选择【插入】/【时间轴】/【帧】菜单命令或按【F5】键可插入帧；选择【插入】/【时间轴】/【关键帧】菜单命令或按【F6】键可插入关键帧；选择【插入】/【时间轴】/【空白关键帧】菜单命令或按【F7】键可插入空白关键帧。

知识补充　　　关键帧是决定动画内容的帧；空白关键帧是舞台中没有内容的关键帧。关键帧的延续（静止帧）以灰色方格表示，空白关键帧的延续以空白方格表示，在每个关键帧最后的静止帧上都会出现一个矩形框，表示关键帧延续结束，如图4-10所示。

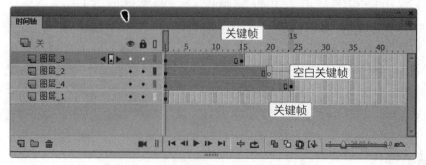

图4-10　关键帧与空白关键帧的显示方式

● **删除帧**。选中需要删除的帧，单击鼠标右键，在弹出的快捷菜单中选择【删除帧】命令，或按【Shift+F5】组合键即可删除选中的帧，如图4-11所示。

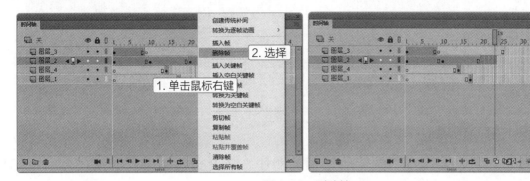

图4-11 删除帧

● **复制帧**。当只需要复制一帧时，可按住【Alt】键将该帧拖曳到目标位置；若要复制多帧，可选中这些帧，单击鼠标右键，在弹出的快捷菜单中选择【复制帧】命令，然后选择目标位置，单击鼠标右键，在弹出的快捷菜单中选择【粘贴帧】命令，如图4-12所示。

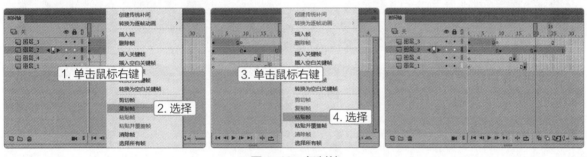

图4-12 复制帧

● **移动帧**。选择关键帧或含关键帧的序列，将其拖曳至目标位置，如图4-13所示。

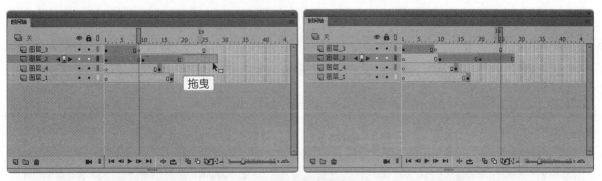

图4-13 移动帧

● **转换帧**。在需要转换的帧上单击鼠标右键，在弹出的快捷菜单中选择【转换为关键帧】或【转换为空白关键帧】命令，如图4-14所示。若想将关键帧、空白关键帧转换为帧，可在该关键帧上单击鼠标右键，在弹出的快捷菜单中选择【清除关键帧】命令，如图4-15所示。

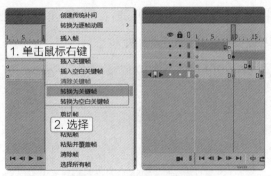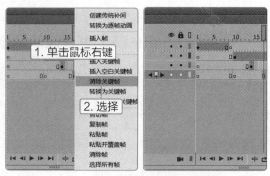

图4-14　将帧转换为关键帧　　　　　　　　图4-15　将关键帧转换为帧

● **翻转帧**。翻转帧操作可以翻转所选帧的顺序，将开头的帧调整到结尾处，将结尾的帧调整到开头处。选择含关键帧的帧序列，单击鼠标右键，在弹出的快捷菜单中选择【翻转帧】命令，如图4-16所示。

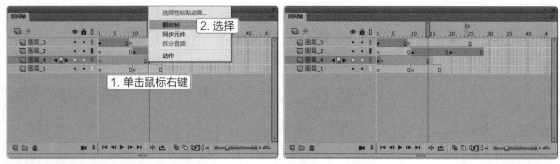

图4-16　翻转帧

5. 图层的编辑

Animate CC 2018 的每一个图层都对应一个独立的时间轴，编辑图层是动画制作过程中一个十分重要的环节，下面介绍关于图层的 7 种常见编辑操作。

● **新建图层**。单击"时间轴"面板底部左侧的"新建图层"按钮，如图4-17所示，或者选择任意图层，单击鼠标右键，在弹出的快捷菜单中选择【插入图层】命令。

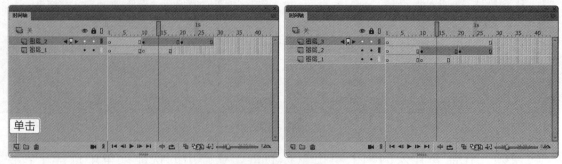

图4-17　新建图层

● **选择图层**。单击图层名称可直接选择该图层。按住【Ctrl】键或【Shift】键单击可选择多个图层，如图4-18所示。

选择单个图层

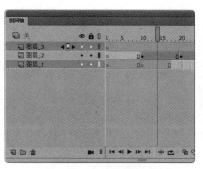

按住【Ctrl】键单击可选择
多个不相邻图层

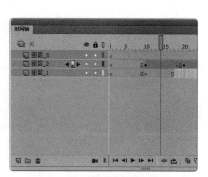

按住【Shift】键单击可选择
多个相邻图层

图4-18　选择图层

● **重命名图层**。双击图层名称，可输入新的图层名称，如图4-19所示，或在需要重命名的图层上单击鼠标右键，在弹出的快捷菜单中选择【属性】命令，在打开的"图层属性"对话框中也可以设置图层名称。

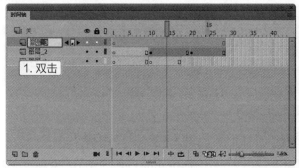

图4-19　重命名图层

● **复制图层**。选择图层，然后选择【编辑】/【时间轴】/【直接复制图层】菜单命令，或者选择需要复制的图层，单击鼠标右键，在弹出的快捷菜单中选择【复制图层】命令，Animate CC 2018将直接在所选图层上方复制出相同的图层，如图4-20所示。

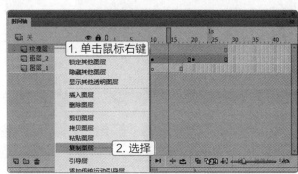

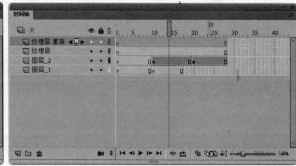

图4-20　复制图层

● **拷贝图层**。选择需要拷贝的图层，单击鼠标右键，在弹出的快捷菜单中选择【拷贝图层】命令，然后选择需要粘贴图层的位置，单击鼠标右键，在弹出的快捷菜单中选择"粘贴图层"命令，可将拷贝的图层粘贴到所选图层上方，如图4-21所示。

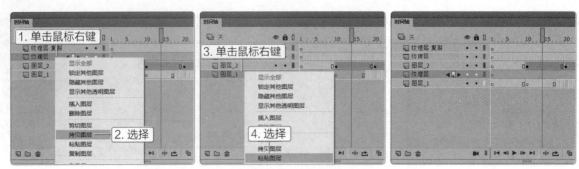

图4-21　拷贝图层

● **调整图层顺序**。拖曳需要调整顺序的图层，当出现的直线移至目标位置时，释放鼠标左键可调整图层顺序，如图4-22所示。

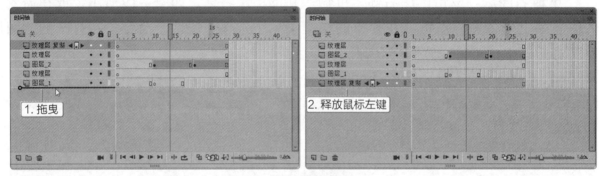

图4-22　调整图层顺序

● **删除图层**。选择需要删除的图层，单击"时间轴"面板下方"删除"按钮🗑，如图4-23所示，或选择需要删除的图层，单击鼠标右键，在弹出的快捷菜单中选择【删除图层】命令也可以删除图层。

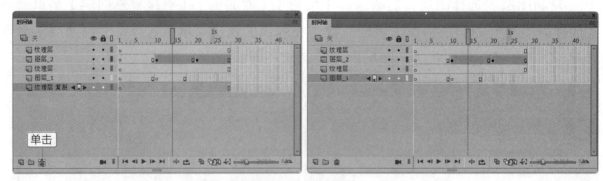

图4-23　删除图层

任务实施

1. 导入素材并创建背景

音乐节动画主要由两部分组成：一部分是静态的背景图像，另一部分是动态的文字对象。下面创建背景，具体操作如下。

微课视频

导入素材并
创建背景

1️⃣ 启动 Animate CC 2018，选择【文件】/【新建】菜单命令，打开"新建文档"对话框。单击"常规"选项卡，在"类型"列表框中选择"HTML5 Canvas"选项，将"宽"和"高"分别设置为"1500 像素"和"1000 像素"，单击 确定 按钮，如图 4-24 所示。

2️⃣ 选择【文件】/【导入】/【导入到库】菜单命令，打开"导入到库"对话框，选择"背景 .jpg"图像文件，单击 打开(O) 按钮，如图 4-25 所示。

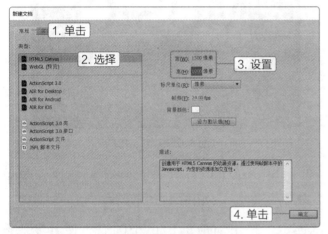

图4-24 新建文档

图4-25 导入素材到库

3️⃣ 在"库"面板中选择"背景 .jpg"图像文件，将其拖曳到舞台上，使图像完整覆盖舞台区域，如图 4-26 所示。

4️⃣ 在"时间轴"面板上单击"新建图层"按钮 ，新建"图层 _2"图层，如图 4-27 所示。

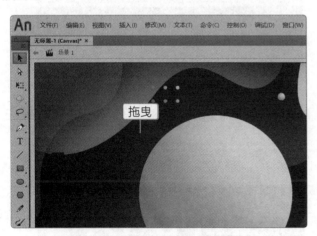

图4-26 将图像文件拖曳到舞台上

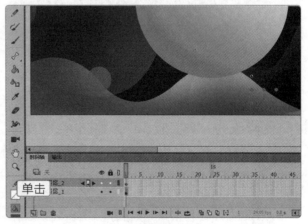

图4-27 新建图层

2. 制作文本效果

接下来在新建的图层上创建文本对象，然后将对象创建为元件，具体操作如下。

1️⃣ 在工具箱中单击文本工具 ，选择【窗口】/【属性】菜单命令，

微课视频

编辑图层制作
文本效果

打开"属性"面板，在其中设置"系列""大小""颜色"分别为"方正兰亭中粗黑简体""200.0""#FFFFFF"，如图 4-28 所示。

2　拖曳鼠标，在舞台上绘制一个文本框，然后输入"MUSIC"文本，如图 4-29 所示。

图4-28　设置字体格式

图4-29　输入文本

3　在"时间轴"面板中选择"图层 _2"图层，单击鼠标右键，在弹出的快捷菜单中选择【复制图层】命令，复制出"图层 _2 复制"图层，如图 4-30 所示。

4　在"图层 _2 复制"图层右侧单击"锁定"栏下对应的白色小圆点，使其变为 🔒 状态，锁定该图层，如图 4-31 所示。

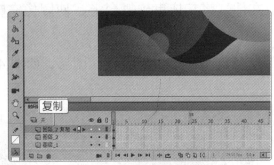

图4-30　复制图层

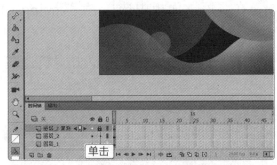

图4-31　锁定图层

5　切换到"图层 _2"图层，使用文本工具 T 选择输入的文本，在"属性"面板中将颜色修改为"#4C52B0"，如图 4-32 所示。

6　使用选择工具 ▶ 将文本向左移动一小段距离，形成阴影效果，如图 4-33 所示。

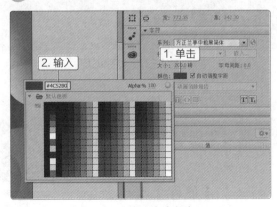

图4-32　修改文本颜色

图4-33　移动文本

⑦ 在"图层_2复制"图层右侧单击🔒标记，解锁图层，然后锁定"图层1"图层，如图4-34所示。

⑧ 使用选择工具 ▶ 框选文本和阴影，将其拖曳到舞台中央。按【F8】键打开"转换为元件"对话框，设置"名称""类型"分别为"标题""影片剪辑"，单击 确定 按钮，将标题转换为元件，如图4-35所示。

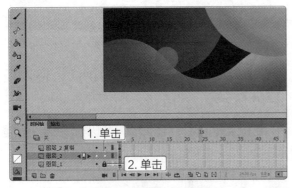

图4-34 解锁和锁定图层

图4-35 转换为元件

3. 制作动画效果

下面通过编辑元件和插入关键帧等操作制作文本的动画效果，具体操作如下。

① 双击"库"面板中的"标题"元件，进入其编辑界面，使用选择工具 ▶ 单击空白区域，取消文本对象的选中状态。按两次【F6】键，插入两个关键帧，如图4-36所示。

微课视频
制作动画效果

② 框选两个对象，选择【窗口】/【变形】菜单命令，打开"变形"面板，在其中设置"缩放宽度""缩放高度"分别为"110.0%""110.0%"，如图4-37所示。

图4-36 插入关键帧

图4-37 放大对象

③ 在工具箱中单击任意变形工具 ▦ ，将鼠标指针移至所选对象的某个角的外侧，当其变为 ↻ 状态时拖曳鼠标，将对象顺时针旋转一定的角度，如图4-38所示。

④ 按两次【F6】键，插入两个关键帧，如图4-39所示。

图4-38 旋转对象

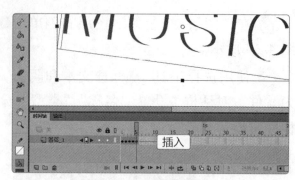

图4-39 插入关键帧

5 在"变形"面板中将"缩放宽度"和"缩放高度"均放大至"110%"，使用任意变形工具 ⊞ 将对象逆时针旋转一定角度，如图4-40所示。

6 在"时间轴"面板中选择第1~5帧，单击鼠标右键，在弹出的快捷菜单中选择【复制帧】命令，复制选择的帧，如图4-41所示。

图4-40 放大并旋转对象

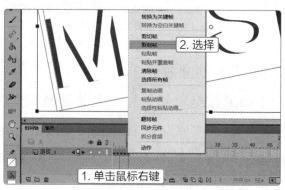

图4-41 复制帧

7 选择第6~10帧，单击鼠标右键，在弹出的快捷菜单中选择【粘贴帧】命令，将复制的帧粘贴到第6~10帧处，如图4-42所示。

8 选择粘贴的第6~10帧，单击鼠标右键，在弹出的快捷菜单中选择【翻转帧】命令，如图4-43所示。

图4-42 粘贴帧

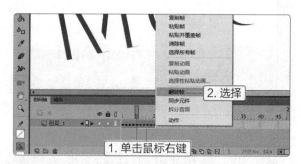

图4-43 翻转帧

9 单击舞台上方的 场景1 按钮，回到场景中，如图4-44所示。

10 按【Ctrl+Enter】组合键进行播放测试，此时在打开的页面中将看到"MUSIC"文字会不停地缩放和旋转，产生一种跳动的动画效果，如图4-45所示。按【Ctrl+S】组合键，将文件以"音乐节"为名进行保存。

图4-44 返回场景

图4-45 测试动画

任务二　制作 GIF 动态图标

使用 Animate CC 2018 制作动画时，可以借助补间动画等功能让软件自动完成动画的制作，避免一帧一帧地手动制作，这样可以有效地提高工作效率。

 **任务目标**

公司近期需要对员工进行业务辅导，米拉应领导要求制作一个 GIF 动态图标。该图标会放在公司网站上，主要作用是告知员工近期辅导班就要开课了。该图标中要包含若干对象，且每个对象以不同的动画来展示，最终组成完整的内容，参考效果如图 4-46 所示。

素材所在位置 素材文件\项目四\任务二\背景.png、笔筒.png、广告.png、课本.png、人物.png、书桌.png

效果所在位置 效果文件\项目四\任务二\GIF动态图标.fla

效果预览

GIF 动态图标
参考效果

图4-46 GIF 动态图标参考效果

1. 基本动画的4种类型

Animate CC 2018 中包含的基本动画类型有逐帧动画、补间形状动画、补间动画和传统补间动画。

● **逐帧动画**。逐帧动画由多个连续的关键帧组成，每个关键帧均对应不同的内容，适合用来制作较为复杂的动画。

● **补间形状动画**。制作这种动画只需要创建两个关键帧，每个关键帧对应不同的形状。创建补间形状动画后，Animate CC 2018 会自动在两个关键帧之间产生形状变化的动画，从第一个关键帧的形状逐渐变化到第2个关键帧的形状，如图4-47所示。

图4-47　补间形状动画

● **补间动画**。此动画需要使用元件进行创建，它通过为第1帧和最后1帧之间的某个对象的属性指定不同的值来实现，对象的属性可以是位置、大小、颜色、效果、滤镜及旋转等。与补间形状动画不同的是，补间动画会自动构建运动路径，因此可以最大限度地减小最终完成的动画文件，如图4-48所示。

图4-48　补间动画

● **传统补间动画**。传统补间动画指的是在Flash CS3和更早版本中使用的补间动画。它同样需要使用元件进行创建，与补间动画相比，传统补间动画的创建相对复杂，需要在两个具有相同或不同元件的关键帧之间进行补间。

知识补充　　不同类型的动画，在"时间轴"面板中的显示形式也不相同。补间形状动画是带有黑色箭头和浅绿色背景的帧；补间动画是一段具有蓝色背景的帧；传统补间动画是带有黑色箭头和浅紫色背景的帧，如图4-49所示。

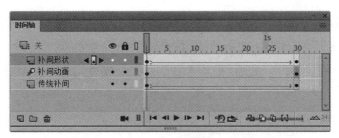

图4-49 不同动画类型的帧的表现形式

2. 创建逐帧动画

创建逐帧动画的方法较多，包括逐帧制作、导入 GIF 动画文件、导入图像序列、转换为逐帧动画等。

● **逐帧制作**。首先在"时间轴"面板中插入多个关键帧，然后在每个关键帧中制作需要的内容。

● **导入GIF动画文件**。在场景中选择【文件】/【导入】/【导入到舞台】菜单命令，在打开的对话框中选择并导入GIF动画文件，Animate CC 2018会自动将GIF动画文件中的帧转换为"时间轴"面板中的关键帧，从而形成逐帧动画，如图4-50所示。

图4-50 在Animate CC 2018中导入GIF动画文件

● **导入图像序列**。图片序列是指一组文件名中有连续编号的图像文件（如01.png、02.png、03.png等）。在场景中选择【文件】/【导入】/【导入到舞台】菜单命令，在打开的对话框中选择并导入其中一张图像，Animate CC 2018会打开提示对话框，询问是否导入序列中的其他图像，单击 是 按钮便可导入整个图像序列，Animate CC 2018会按照序列编号的顺序依次插入关键帧，从而形成逐帧动画，如图4-51所示。

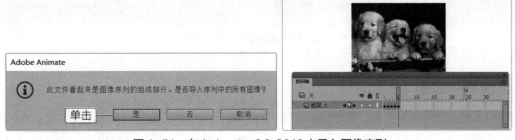

图4-51 在Animate CC 2018中导入图像序列

● **转换为逐帧动画**。使用转换为逐帧动画功能，可以将其他类型的动画转换为逐帧动画。只需在"时间轴"面板中选择要转换为逐帧动画的帧，然后单击鼠标右键，在弹出的快捷菜单中选择【转换为逐帧动画】命令，在弹出的子菜单中选择相应命令即可，如图4-52所示。

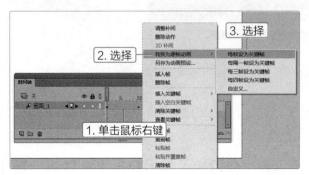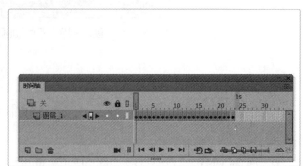

图4-52　将其他动画转换为逐帧动画

3．创建补间形状动画

创建补间形状动画的方法为：插入两个关键帧，在每个关键帧中制作不同的对象；选择两个关键帧之间的任意帧，单击鼠标右键，在弹出的快捷菜单中选择【创建补间形状】命令，如图4-53所示。

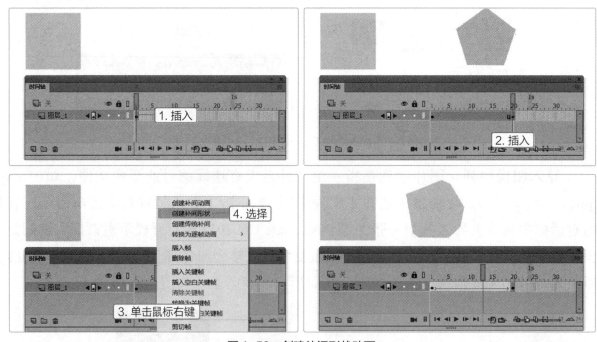

图4-53　创建补间形状动画

4．创建补间动画

创建补间动画的方法为：插入第一个关键帧，在该关键帧中创建对象并将其设置为影片剪辑元件；然后选择该帧，单击鼠标右键，在弹出的快捷菜单中选择【创建补间动画】命令，拖曳补间动画帧序列右侧的边缘调整帧序列的长短；然后在帧序列中的任意帧上插入关键帧，调整对象的位置、大小、旋转等，如图4-54所示。

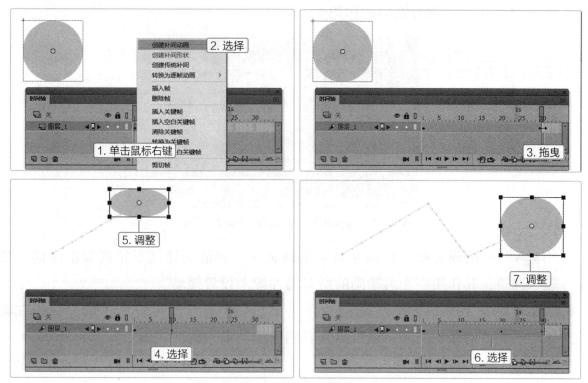

图4-54 创建补间动画

5. 创建传统补间动画

创建传统补间动画的方法为：在动画的开始关键帧和结束关键帧中放入同一个元件对象，选择两个关键帧之间的任意帧，单击鼠标右键，在弹出的快捷菜单中选择【创建传统补间】命令，调整两个关键帧中对象的位置、大小、旋转等，如图4-55所示。

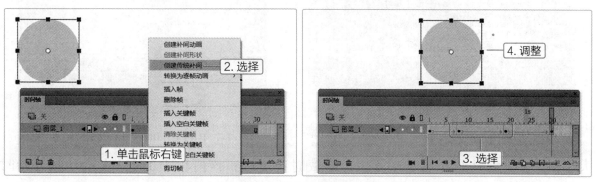

图4-55 创建传统补间动画

6. 设置动画属性

创建动画后，可以通过"属性"面板设置动画属性，使动画的效果更加逼真、丰富和有趣。

（1）设置补间形状动画的"缓动"属性

在"时间轴"面板中选择补间形状动画对应的帧，"属性"面板的"补间"栏中将显示图4-56所示的内容，部分选项的作用如下。

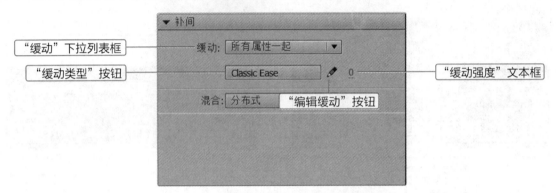

图4-56　设置补间形状动画的"缓动"属性

● **"缓动"下拉列表框**。制作补间形状动画时，只能选择该下拉列表框中的"所有属性一起"选项，其作用在于为动画的所有属性统一设置缓动。

● **"缓动类型"按钮** Classic Ease 。单击该按钮，打开图4-57所示的面板，在其中可以选择不同类型的缓动效果，还可以查看相应缓动效果的曲线图。

● **"编辑缓动"按钮** 。单击该按钮，打开"自定义缓动"对话框，在曲线上单击可添加控制点，拖曳控制点可设置缓动效果，如图4-58所示。

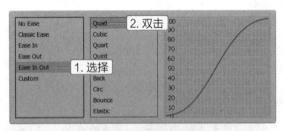

图4-57　设置缓动类型

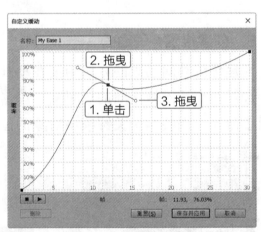

图4-58　设置缓动效果

● **"缓动强度"文本框**。当"缓动类型"为"Classic Ease"时，将显示该文本框。该值大于0时，表示动画开始时速度快，结束时速度慢；该值小于0时，表示动画开始时速度慢，结束时速度快；该值为0时，动画开始和结束的速度相同。

（2）设置补间动画的"缓动"属性

在"时间轴"面板中选择补间动画对应的帧后，"属性"面板将显示图4-59所示的内容，部分选项的作用如下。

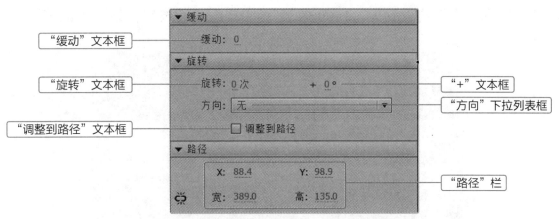

图4-59 设置补间动画的"缓动"属性

- **"缓动"文本框**。该值用于设置缓动强度。
- **"旋转"文本框**。该值用于设置元件旋转圈数。
- **"+"文本框**。该值用于设置元件在旋转圈数的基础上增加的旋转度数。
- **"方向"下拉列表框**。该选项用于设置元件旋转的方向。
- **"调整到路径"复选框**。选中该复选框，补间动画将根据移动路径的方向自动调整元件的方向。
- **"路径"栏**。该栏用于设置移动路径的坐标位置、宽度和高度。

（3）设置传统补间动画的"缓动"属性

在"时间轴"面板中选择传统补间动画对应的帧，"属性"面板的"补间"栏显示图4-60所示的内容。其中"缓动"和"旋转"选项的作用与前面介绍的对应选项的作用相同。

图4-60 设置传统补间动画的"缓动"属性

任务实施

1. 新建文档和图层

要制作GIF动态图标，需要将该图标的各种元素导入舞台中。下面就将本次任务需要的素材添加到舞台中的每个图层上，具体操作如下。

微课视频
新建文档和图层

❶ 启动Animate CC 2018，选择【文件】/【新建】菜单命令，打开"新建文档"对话框，单击"常规"选项卡，在"类型"列表框中选择"HTML5 Canvas"选

项，将"宽"和"高"均设置为"1500像素"，单击 ▭确定▭ 按钮，如图4-61所示。

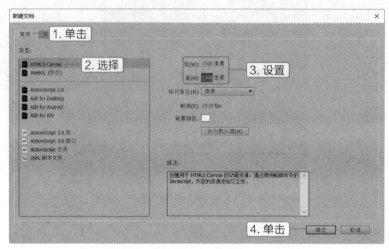

图4-61　新建文档

❷ 选择【文件】/【导入】/【导入到库】菜单命令，打开"导入到库"对话框。框选所有图像文件，单击 打开(O) 按钮，将其导入到"库"面板中，如图4-62所示。

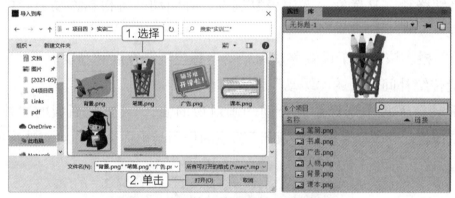

图4-62　将图像文件导入"库"面板中

❸ 在"库"面板中选择"背景.png"图像文件，将其拖曳至舞台中。使用选择工具 ▸ 将图像文件移动到舞台中央，如图4-63所示。

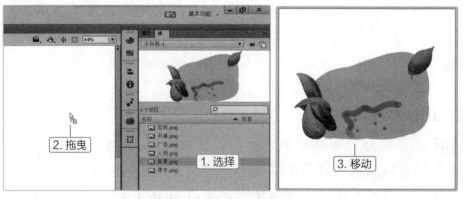

图4-63　添加并移动图像文件

④ 双击图层名称，将其重命名为"背景"，按【Enter】键确认，如图4-64所示。

⑤ 单击"新建图层"按钮，新建图层，如图4-65所示。

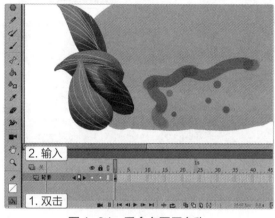

图4-64 重命名图层名称

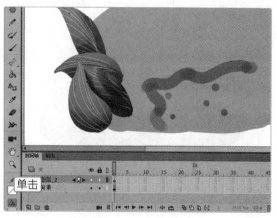

图4-65 新建图层

⑥ 将"广告.png"图像文件拖曳至舞台中，调整其位置，然后将图层名称重命名为"广告"，如图4-66所示。

⑦ 使用相同的方法为其他图像文件添加对应的图层，然后将图像拖曳至舞台中，调整位置后修改图层名称，如图4-67所示。

图4-66 添加图层和图像

图4-67 添加其他图像

2. 创建元件并插入关键帧

本任务将采用传统补间动画来制作GIF动态效果，因此需要将舞台上的所有图像文件转换为影片剪辑元件，然后为每个图层插入关键帧，具体操作如下。

微课视频

创建元件并
插入关键帧

① 选择舞台中的"背景"图像，按【F8】键打开"转换为元件"对话框，设置元件的"名称"为"背景"、"类型"为"影片剪辑"，单击 确定 按钮，如图4-68所示。

② 使用相同的方法依次将舞台中的其他图像转换为同名的影片剪辑元件，如图4-69所示。

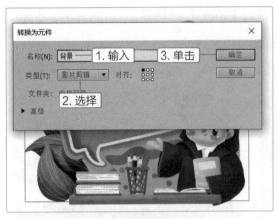

图4-68　将图像转换为元件

图4-69　转换好的其他元件

❸　拖曳鼠标，在"时间轴"面板中框选所有图层的第72帧（可借助"时间轴"面板右下角蓝色的"当前帧"选项确定选择的帧数），在其上单击鼠标右键，在弹出的快捷菜单中选择【插入帧】命令，如图4-70所示。

❹　在"时间轴"面板中选择"课本""书桌""笔筒"图层的第40帧，按【F6】键插入关键帧，如图4-71所示。

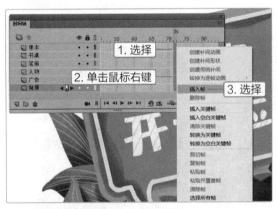

图4-70　插入帧

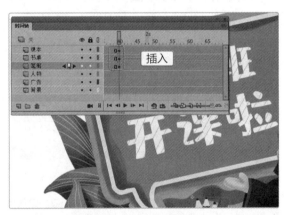

图4-71　插入关键帧1

❺　按住【Ctrl】键选择"人物""背景"图层的第48帧，按【F6】键插入关键帧，如图4-72所示。

❻　选择"广告"图层的第10帧，按【F6】键插入关键帧，如图4-73所示。

图4-72　插入关键帧2

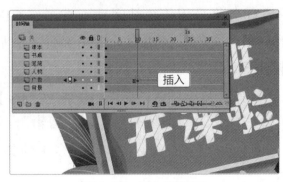

图4-73　插入关键帧3

3. 创建并设置传统补间动画

微课视频

创建并设置
传统补间动画

下面在场景中创建传统补间动画，并适当设置动画效果，具体操作如下。

1 选择"广告"图层第 1 帧，选择舞台中的"广告"图像，在"属性"面板"色彩效果"栏的"样式"下拉列表框中选择"Alpha"选项，拖曳滑块设置"Alpha"值为"0"，隐藏"广告"图像，如图 4-74 所示。

2 将鼠标指针移动到"广告"图层的第 1 帧到第 10 帧中间，单击鼠标右键，在弹出的快捷菜单中选择【创建传统补间】命令，如图 4-75 所示。

图4-74 设置"广告"图层图像色彩效果

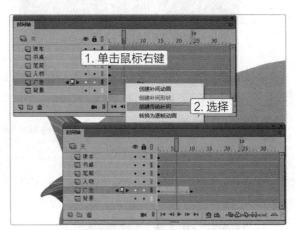

图4-75 创建传统补间动画

3 使用相同的方法选择"人物"图层的第 1 帧，将"人物"图像的色彩"样式"设置为"Alpha"，并将 Alpha 值设置为"0"，如图 4-76 所示。

4 为"人物"图层第 1 帧至第 48 帧创建传统补间动画，如图 4-77 所示。

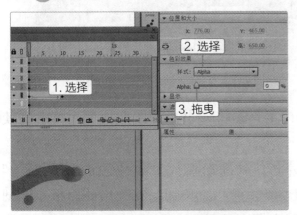

图4-76 设置"人物"图层图像色彩效果

图4-77 创建传统补间动画

5 在"课本"图层中选择第 1 帧，将其拖曳到第 30 帧，如图 4-78 所示。

6 使用相同的方法将"书桌"图层中的第 1 帧拖曳到第 10 帧，将"笔筒"图层中的第 1 帧拖曳到第 24 帧，将"人物"图层中的第 1 帧拖曳到第 40 帧，将"背景"图层中的第 1 帧拖曳到第 10 帧，如图 4-79 所示。

图4-78　移动帧

图4-79　移动其他帧

⑦　选择"背景"图层的第10帧，然后选择"背景"图像，选择任意变形工具 ，按住【Shift】键等比例缩小图像，并将其"Alpha"值设置为"0"，如图4-80所示。

⑧　为"背景"图层的第10帧至第48帧创建传统补间动画，在"属性"面板的"缓动"下拉列表框中选择"所有属性一起"选项，单击 Classic Ease 按钮，在弹出的面板左侧列表框中选择"Ease In Out"选项，然后双击中间列表框中的"Bounce"选项，如图4-81所示。

图4-80　缩小图像并设置色彩样式

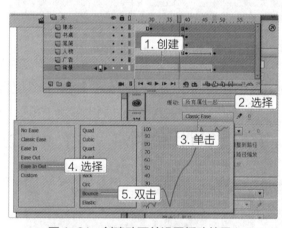

图4-81　创建动画并设置缓动效果1

⑨　选择"书桌"图层的第10帧，使用选择工具 将"书桌"图像拖曳出舞台，使其位于舞台上方，如图4-82所示。

⑩　为"书桌"图层的第10帧至第40帧创建传统补间动画，在"属性"面板的"缓动"下拉列表框中选择"所有属性一起"选项，单击 Classic Ease 按钮，在弹出的面板左侧列表框中选择"Ease In Out"选项，然后双击中间列表框中的"Quad"选项，如图4-83所示。

职业素养　越复杂的动画，越需要制作者认真仔细、脚踏实地进行制作。因为对于动画而言，哪怕只有一帧出现了错误，就有可能导致最终的动画出现卡顿、不协调、不自然等情况。因此读者应该从一开始就养成这些重要的习惯。

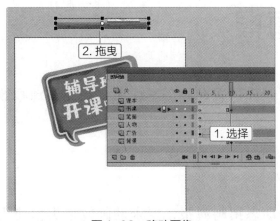

图4-82 移动图像

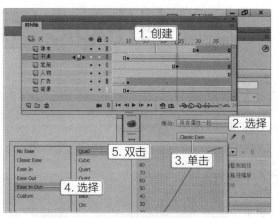

图4-83 创建动画并设置缓动效果2

11 选择"课本"图层的第30帧，将"课本"图像拖曳至舞台上方，为"课本"图层的第30帧至第40帧创建传统补间动画，在"属性"面板的"缓动"下拉列表框中选择"所有属性一起"选项，单击 Classic Ease 按钮，在弹出的面板左侧列表框中选择"Ease In Out"选项，然后双击中间列表框中的"Quad"选项，如图4-84所示。

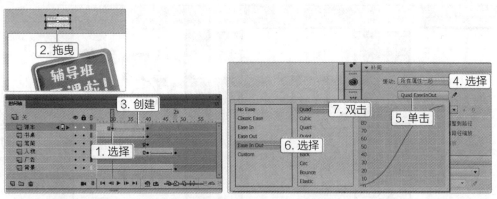

图4-84 设置"课本"图像的动画效果

12 选择"笔筒"图层的第24帧，将"笔筒"图像拖曳至舞台上方，为"笔筒"图层的第24至第40帧创建传统补间动画，在"属性"面板中设置与"课本"图像相同的缓动效果，如图4-85所示。

13 按【Enter】键预览整体动画效果，确认无误后按【Ctrl+S】组合键保存文件。

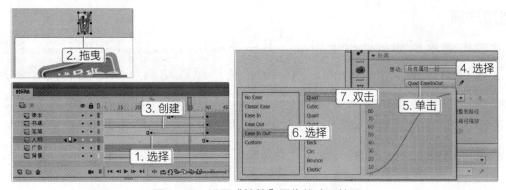

图4-85 设置"笔筒"图像的动画效果

任务三 制作动态招聘海报

除基本动画外，在 Animate CC 2018 中还可制作遮罩动画。本任务将利用该动画效果制作一张动态招聘海报。

 任务目标

米拉接到了新的任务，领导需要她制作一张动态招聘海报，要求动画效果类似使用瞄准镜查看海报，先从不同的位置展现海报的局部内容，然后逐渐显示海报的全貌，使静态的海报变得生动起来，参考效果如图 4-86 所示。

素材所在位置 素材文件\项目四\任务三\背景.png、招聘海报.jpg
效果所在位置 效果文件\项目四\任务三\动态招聘海报.fla

图4-86 动态招聘海报参考效果

相关知识

1. 遮罩动画

遮罩动画由遮罩层和被遮罩层组成，其中遮罩层可以遮挡下面的对象，被遮罩层则是被遮罩层遮挡的对象。在 Animate CC 2018 制作遮罩动画至少需要有两个图层，上面的图层为遮罩层，下面的图层为被遮罩层，这两个图层中只有重叠的地方才会显示出来。因此，为了设置特殊的动画效果，可以在遮罩层上创建一个任意形状的"视窗"，遮罩层下方的对象就可以通过该"视窗"显示出来，而"视窗"之外的对象将不会显示，如图 4-87 所示。

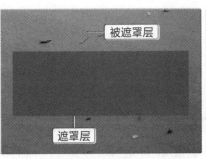

图4-87 遮罩动画的原理和效果

遮罩动画的主要用途有以下两种。

● 选择一个场景或一个特定区域，使场景外的对象或特定区域外的对象不可见。

● 遮住某一元件的一部分，从而实现一些特殊的效果。

知识补充 遮罩动画中的遮罩层用于控制显示的范围及形状，如遮罩层中是一个矩形，则只能看到这个矩形中的动画效果。由于遮罩层的作用是控制形状，因此在该层中主要是绘制具有一定形状的矢量图形，而形状的描边或填充颜色等则对遮罩效果没有影响。

2. 遮罩层的创建

在 Animate CC 2018 中创建遮罩层的方法主要有通过命令创建和通过改变图层属性创建两种。

● **通过命令创建**。选择需要作为遮罩层的图层，单击鼠标右键，在弹出的快捷菜单中选择【遮罩层】命令。此时该图层的图标会从普通图层的■样式变为遮罩层的■样式，同时 Animate CC 2018 会自动把遮罩层下面的一层关联为被遮罩层，被遮罩层名称会向右缩进一定的距离，且图标会变为■样式，如图4-88所示。

● **通过改变图层属性创建**。双击需要转换为遮罩层的图层对应的图标■，在打开的"图层属性"对话框的"类型"栏中选中"遮罩层"单选项，然后单击■确定■按钮，如图4-89所示。需要注意的是，使用这种方法创建遮罩层后，还需要手动将其他图层拖曳到遮罩层下方，将其转换为被遮罩层。

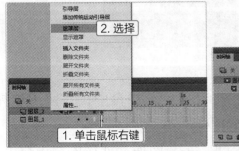
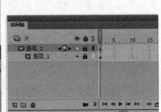
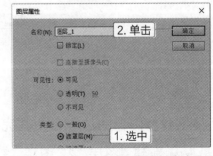

图4-88 通过命令创建遮罩层 　　　　　　　　图4-89 通过改变图层属性创建遮罩层

1. 制作海报静态画面

由于遮罩动画是通过遮罩层和被遮罩层来实现动画效果的，因此下面制作海报的静态画面，让遮罩层能够有遮罩的对象，具体操作如下。

微课视频

制作海报
静态画面

1 在 Animate CC 2018 中选择【文件】/【新建】菜单命令，打开"新建文档"对话框。设置文档"类型"为"HTML5 Canvas"，"宽"和"高"分别为"3543 像素"和"4724 像素"，单击 确定 按钮，如图 4-90 所示。

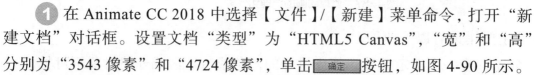

图4-90　新建文档

2 选择【文件】/【导入】/【导入到库】菜单命令，将"背景 .png"和"招聘海报 .jpg"图像文件导入"库"面板，如图 4-91 所示。

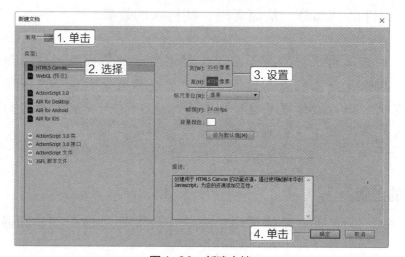

图4-91　导入图像文件

3 在"库"面板中选择"背景 .png"图像文件，将其拖曳至舞台中，并使用选择工具 调整图像的位置，使其完整覆盖舞台区域，如图 4-92 所示。

4 新建"图层 _2"图层，在"库"面板中将"招聘海报 .jpg"图像文件拖曳至舞台中，使用选择工具▣调整图像的位置，使其完整覆盖舞台区域，如图 4-93 所示。

图4-92 将图像添加到舞台1

图4-93 将图像添加到舞台2

2. 制作圆形动画

下面新建图层，并在其中创建圆形作为遮罩动画的其中一种遮罩形状，具体操作如下。

微课视频
制作圆形动画

① 新建"图层_3"图层，选择椭圆工具▣，按住【Shift】键和鼠标左键，在舞台中绘制圆形，如图 4-94 所示。

② 使用选择工具▣选择圆形，单击鼠标右键，在弹出的快捷菜单中选择【转换为元件】命令，打开"转换为元件"对话框，设置"名称"为"圆形"、"类型"为"影片剪辑"，单击 确定 按钮，如图 4-95 所示。

图4-94 绘制圆形

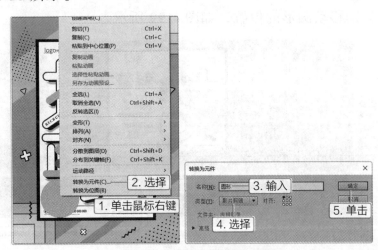

图4-95 将形状转换为元件

③ 拖曳鼠标，在"时间轴"面板中选择所有图层的第 30 帧，单击鼠标右键，在弹出的快捷菜单中选择【插入帧】命令，如图 4-96 所示。

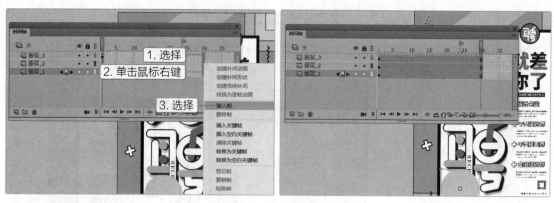

图4-96 插入帧

4 在"时间轴"面板中选择"图层_3"图层，然后选择第5帧，按【F6】键插入关键帧，如图4-97所示。

5 使用选择工具 ▶ 移动圆形的位置，如图4-98所示。

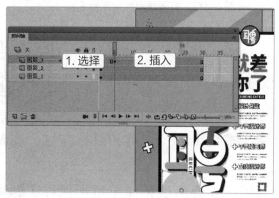

图4-97 插入关键帧

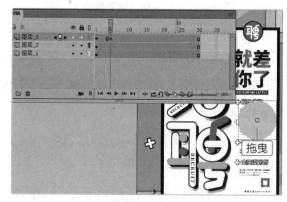

图4-98 移动圆形

6 重复上一步操作，依次在"图层_3"图层的第10帧和第15帧处插入关键帧，并分别移动圆形的位置，如图4-99所示。

图4-99 插入关键帧并移动圆形

7 选择"图层_3"图层的第15帧，按住【Alt】键拖曳关键帧到第16帧的位置，快速复制关键帧，如图4-100所示。

8 使用选择工具 ▶ 移动圆形的位置，如图4-101所示。

图4-100　复制关键帧

图4-101　移动圆形

❾ 按【Ctrl+B】组合键将"圆形"元件转换为形状，转换前后"属性"面板的对比如图4-102所示。

图4-102　将元件转换为形状前后"属性"面板的对比

3. 制作矩形动画

下面继续在同一图层中绘制矩形，制作另一种遮罩动画的形状，具体操作如下。

制作矩形动画

❶ 在"时间轴"面板中选择"图层_3"图层的第30帧，按【F7】键插入空白关键帧，如图4-103所示。

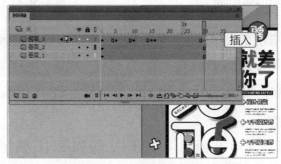
图4-103　插入空白关键帧

2 选择矩形工具▣，在舞台空白区域绘制矩形，使其完整覆盖"招聘海报"图像中间的白色区域，如图 4-104 所示。

3 选择"图层 _3"图层的第 1 帧，单击鼠标右键，在弹出的快捷菜单中选择【创建传统补间】命令，为第 1 帧至第 5 帧创建传统补间动画，如图 4-105 所示。

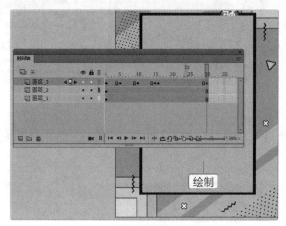
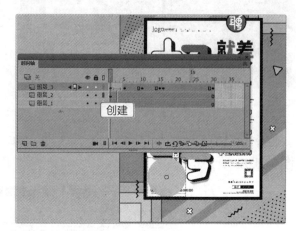

図4-104　绘制矩形　　　　　　　　　　図4-105　创建传统补间动画

4 重复上一步的操作，为第 5 帧至第 10 帧和第 10 帧至第 15 帧创建传统补间动画，如图 4-106 所示。

5 选择"图层 _3"图层的第 16 帧，单击鼠标右键，在弹出的快捷菜单中选择【创建补间形状】命令，为第 16 帧至第 30 帧创建补间形状动画，如图 4-107 所示。

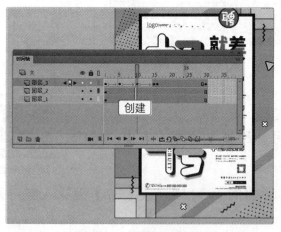
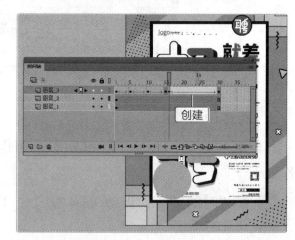

図4-106　创建传统补间动画　　　　　　図4-107　创建补间形状动画

6 选择"图层 _3"图层的第 1 帧至第 5 帧之间的传统补间动画对应的任意帧，在"属性"面板的"缓动"下拉列表框中选择"所有属性一起"选项，单击 Classic Ease 按钮，在弹出的面板左侧列表框中选择"Ease In Out"选项，然后双击中间列表框中的"Quad"选项，如图 4-108 所示。

7 重复上一步操作，为第 5 帧至第 10 帧之间和第 10 帧至第 15 帧之间的传统补间动画设置相同的缓动效果，如图 4-109 所示。

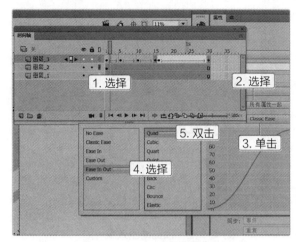
图4-108 设置缓动效果1

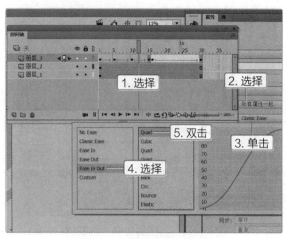
图4-109 设置缓动效果2

8 选择"图层_3"图层的第16帧至第30帧之间的补间形状动画对应的任意帧，在"属性"面板的"缓动"下拉列表框中选择"所有属性一起"选项，单击 Classic Ease 按钮，在弹出的面板左侧列表框中选择"Ease In Out"选项，然后双击中间列表框中的"Bounce"选项，如图4-110所示。

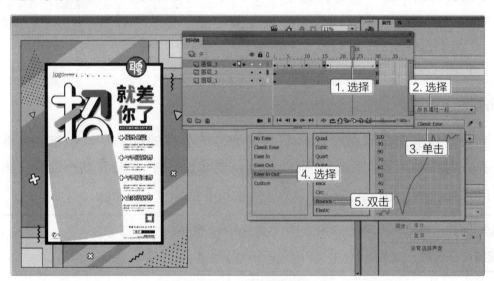
图4-110 设置缓动效果

4. 制作遮罩动画

下面将图层转换为遮罩层，预览遮罩动画效果并保存文件，具体操作如下。

微课视频
制作遮罩动画

1 选择"图层_3"图层名称，单击鼠标右键，在弹出的快捷菜单中选择【遮罩层】命令，将其更改为遮罩层，如图4-111所示。

2 按【Enter】键预览遮罩动画效果，如图4-112所示。

3 按【Ctrl+S】组合键保存文件，完成动态招聘海报的制作。

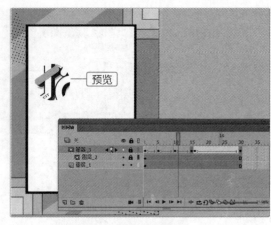

图4-111　将图层转换为遮罩层　　　　　　　图4-112　预览动画效果

任务四　制作七夕动态背景

在许多网页动画中都可以见到某个对象沿着一定的路线移动的效果，如行驶的汽车、飘落的树叶等，这些效果主要通过引导层动画功能制作，本任务将应用该功能制作动态背景。

 任务目标

七夕节即将到来，商家们纷纷开始为这个传统节日的促销活动做准备。米拉也接到了一个任务，制作一个七夕动态背景的动画，要求画面中不仅有动态的白云和人物，还需要有沿指定路线运动和变化的热气球，参考效果如图4-113所示。

　素材所在位置　素材文件\项目四\任务四\七夕动态背景.fla
　　　　　　　　　效果所在位置　效果文件\项目四\任务四\七夕动态背景.fla

效果预览

七夕动态背景
参考效果

图4-113　七夕动态背景参考效果

相关知识

1.　引导层动画

引导层动画常用来实现一个或多个对象沿复杂路径运动的动画效果,如图4-114所示。引导层动画由引导层和被引导层组成。其中,引导层是绘制有路径的图层,该路径便是引导线;被引导层则是需要沿引导层路径移动的对象,该对象一般通过补间动画或传统补间动画制作。

图4-114　引导层动画

引导层动画中绘制的路径通常是不封闭的,这样方便 Animate CC 2018 找到线条的头和尾,从而定位动画的开始位置和结束位置。在创建引导层动画时,需要注意以下问题。

● 引导线的转折不宜过多,且转折处的线条弯度不宜过急,以免 Animate CC 2018 无法准确判断对象的运动路径。

● 引导线应为一条流畅且连续的线条,不能出现中断的现象。

● 引导线不能交叉、重叠,否则会导致动画创建失败。

● 被引导对象必须吸附到引导线上,否则被引导对象将无法沿着引导线运动。

2.　引导层的创建

可以通过将当前图层转换为引导层或为当前图层添加引导层等方式来创建引导层。

● **将当前图层转换为引导层**。此方法涉及两步操作,首先选择要转换为引导层的图层,单击鼠标右键,在弹出的快捷菜单中选择【引导层】命令。此时该图层将转换为引导层,但由于还没有被引导层,因此图层图标变为 样式。将需要作为被引导层的图层拖曳至引导层下方,出现带有缩进的横线时释放鼠标左键,便可将图层创建为被引导层。有了被引导层后,引导层的图标将变为 样式,此时便完成了引导层的创建,如图 4-115 所示。

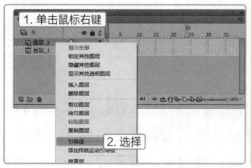

图4-115　创建引导层

● **为当前图层添加引导层**。使用这种方法可以为所选图层添加引导层，而所选图层自动变为被引导层。选择要添加引导层的图层，单击鼠标右键，在弹出的快捷菜单中选择【添加传统运动引导层】命令，如图4-116所示，即可为图层添加引导层。

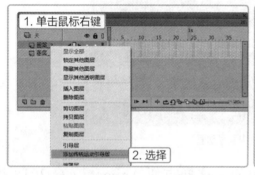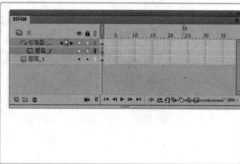

图4-116　为图层添加引导层

3．设置引导层动画的属性

添加了引导层后，在引导层动画的"属性"面板中可以调整动画效果，使被引导层中的对象的运动路径和引导层中的路径保持一致。选择被引导层中的对象，此时"属性"面板的"补间"栏如图 4-117 所示，其中部分选项的作用如下。

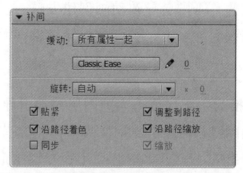

图4-117　引导层动画"属性"面板的"补间"栏

● **"贴紧"复选框**。选中该复选框，元件的中心点将会与运动路径对齐。
● **"调整到路径"复选框**。选中该复选框，对象会随着路径的方向进行旋转。
● **"沿路径着色"复选框**。选中该复选框，对象会根据路径的颜色而变换颜色。

- **"沿路径缩放"复选框**。选中该复选框，对象会根据路径的粗细而进行缩放。
- **"同步"复选框**。选中该复选框，对象的动画将和主时间轴同步。
- **"缩放"复选框**。选中该复选框，对象将随着帧的变化而缩小或放大。

 任务实施

1. 创建引导层并绘制引导线

本任务提供了基本的场景和对象，下面进行引导层的创建和引导线的绘制，具体操作如下。

微课视频

创建引导层并
绘制引导线

1 在 Animate CC 2018 中打开"七夕动态背景 .fla"动画文件，新建图层并重命名为"热气球"，如图 4-118 所示。

2 从"库"面板中拖曳"热气球 .png"图像文件到舞台中，使用任意变形工具 调整图像大小和位置，如图 4-119 所示。

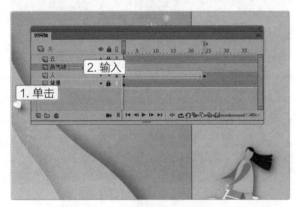

图4-118　新建并重命名图层

图4-119　添加并调整素材

3 选择"热气球"图层，单击鼠标右键，在弹出的快捷菜单中选择【添加传统运动引导层】命令，为"热气球"图层创建引导层，如图 4-120 所示。

4 选择引导层，使用铅笔工具 绘制一条引导线，如图 4-121 所示。

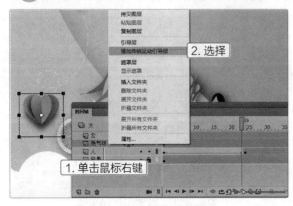

图4-120　创建引导层

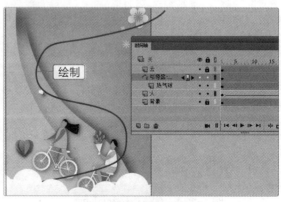

图4-121　绘制引导线

选择铅笔工具后，在工具箱底部单击"铅笔模式"按钮，在打开的下拉列表中可选择铅笔模式。本任务使用的是"平滑"模式。另外，如果工具箱中未显示该按钮，可拖曳工具箱的右边框，增加工具箱宽度，让工具按钮能够完整显示出来。

2. 设置引导线动画和属性

为了让引导层动画效果更加自然、丰富，下面将设置引导线动画和引导线属性，具体操作如下。

微课视频
设置引导线动画和属性

❶ 选择"热气球"图层的第 1 帧，将热气球图像移至引导线的开始处，并使其中心点吸附在引导线上，如图 4-122 所示。

❷ 选择"热气球"图层的第 96 帧，按【F6】键插入关键帧，将热气球图像吸附到引导线的结束处，如图 4-123 所示。

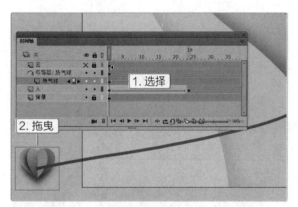

图4-122　将图像吸附到引导线开始处

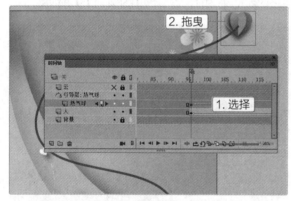

图4-123　将图像吸附到引导线结束处

❸ 在"热气球"图层的第 1 帧至第 96 帧之间创建传统补间动画（需要创建元件并确认该操作），如图 4-124 所示。

❹ 使用选择工具选择引导线开始处的一段，在"属性"面板中设置"笔触颜色"为"#FF9999"、"笔触"为"5.00"、"宽度"为"宽度配置文件 3"，如图 4-125 所示。

图4-124　创建传统补间动画

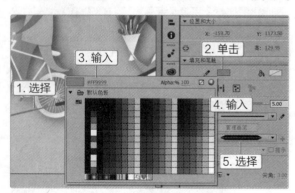

图4-125　设置引导线属性

知识补充 在工具箱中单击部分选取工具 ,然后选择铅笔绘制的引导线对象,接着单击钢笔工具 并按住鼠标左键不放,在打开的下拉列表中选择"转换锚点工具"选项,单击引导线上的某个白色控制点,可改变该控制点的类型,从而实现选择部分引导线的目的。

5 选择中间一段引导线,在"属性"面板中设置"笔触颜色"为"#FF6600"、"笔触"为"5.00"、宽度为"宽度配置文件3",如图4-126所示。

6 选择最后一段引导线,在"属性"面板中设置其"笔触颜色"为"#66CCFF"、"笔触"为"5.00"、宽度为"宽度配置文件3",如图4-127所示。

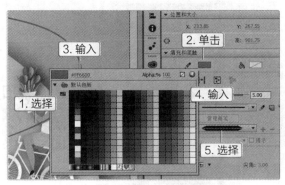
图4-126 设置引导线属性1

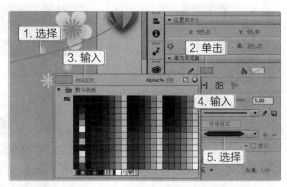
图4-127 设置引导线属性2

7 选择"热气球"图层的第1帧,在"属性"面板中选中"贴紧""调整到路径""沿路径着色""沿路径缩放"复选框,如图4-128所示。

8 使用任意变形工具 在"热气球"图层中的若干帧处调整热气球的方向,使热气球吸附引导线的同时,还能体现"随风摆动"的效果,如图4-129所示。调整方向后的热气球会在"时间轴"面板中自动生成关键帧。

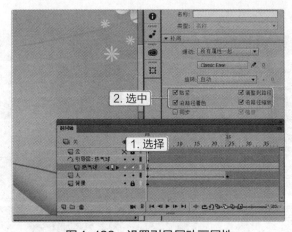
图4-128 设置引导层动画属性

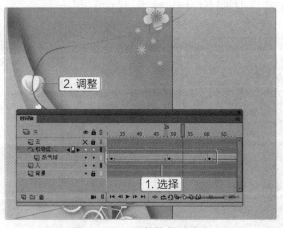
图4-129 调整热气球方向

9 按【Enter】键预览引导层动画效果,确认无误后按【Ctrl+S】组合键保存文件,完成七夕动态背景的制作。

实训一　制作水果相册动画

【实训要求】

　　本实训将使用传统补间动画来控制多张水果图像的进入和退出，从而制作出动态相册的效果，参考效果如图 4-130 所示。

 素材所在位置　素材文件\项目四\实训一\背景.jpg、苹果.jpg、橙子.jpg、葡萄.jpg、荔枝.jpg
　　　　　　　　效果所在位置　效果文件\项目四\实训一\水果相册.fla

水果相册动画
参考效果

图 4-130　水果相册动画参考效果

【实训思路】

　　本实训主要利用传统补间动画来控制图像的移动，从而实现动态相册的效果。首先新建文档并建立各个图层，然后将图像转换为元件，接着依次为每种元件创建传统补间动画，其制作过程如图 4-131 所示。

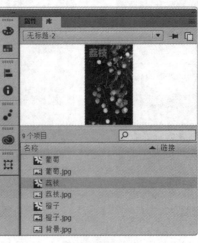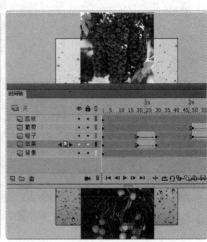

　　①新建文档和图层　　　　　　②创建元件　　　　　　③创建传统补间动画

图 4-131　水果相册动画的制作过程

【步骤提示】

① 新建"宽"和"高"分别为"1000像素"和"1500像素"的文档，在原图层基础上新建4个图层，将每个图层命名为素材对应的名称。

② 将4张水果图像分别转换为同名的影片剪辑元件。

③ 将"苹果"元件拖曳到"苹果"图层，在第20帧和第30帧处分别插入关键帧，在它们之间创建传统补间动画，然后在第30帧处将"苹果"元件垂直向上拖曳至舞台外。

④ 将"橙子"元件拖曳到"橙子"图层，在第20帧和第30帧处分别插入关键帧，在它们之间创建传统补间动画。在第20帧处将"橙子"元件放置在与"苹果"元件在垂直方向同位置的舞台外（下方），在第30帧处将"橙子"元件放置在舞台中央。这样就形成了图像交替出入的动态效果。

⑤ 按相同方法设置"橙子"元件与"葡萄"元件、"葡萄"元件与"荔枝"元件的交替出入动态效果。要求每个交替效果的时间均为10帧，每种图像画面停留时间为20帧。

⑥ 设置"荔枝"元件退出、"苹果"元件重新进入舞台的交替效果，实现循环播放。

⑦ 预览动画效果，确认无误后保存文件。

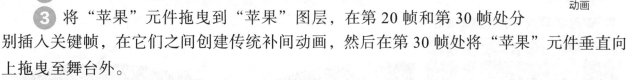
制作水果相册
动画

实训二　制作纸飞机动画

【实训要求】

本实训将制作一位小男孩在草坪上放纸飞机的动画效果，其中主要涉及引导层的创建和引导线的绘制与设置等操作，参考效果如图4-132所示。

素材所在位置 素材文件\项目四\实训二\背景.jpg、纸飞机.png、小孩.png
效果所在位置 效果文件\项目四\实训二\纸飞机.fla

效果预览
纸飞机动画
参考效果

图4-132　纸飞机动画参考效果

【实训思路】

　　本实训将首先在新建的文档中建立各个图层和引导层，然后将图像转换为元件，并将元件吸附到引导线的开始处和结尾处，接着创建传统补间动画，最后设置引导线属性，其制作过程如图4-133所示。

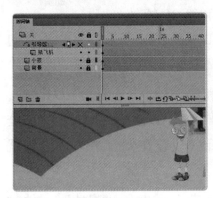

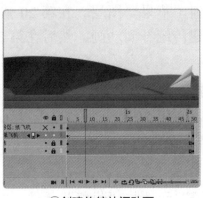

①创建图层和引导层　　　　　　②创建传统补间动画　　　　　　③设置引导线

图4-133　纸飞机动画的制作过程

【步骤提示】

1 新建文档并将素材导入"库"面板中。

2 新建"背景""小孩""纸飞机"图层。

3 将"纸飞机"图像转换为元件。

4 在第50帧处为所有图层插入关键帧。

5 为"纸飞机"图层添加引导层，将"背景""小孩"图像和"纸飞机"元件添加到对应图层中，调整大小和位置，然后锁定"背景"和"小孩"图层。

6 选择引导层，使用铅笔工具绘制引导线，在"纸飞机"图层的第1帧和第50帧处，分别将纸飞机吸附到引导线的开始处和结尾处，适当调整纸飞机的角度，使其与引导线方向一致。

7 在"纸飞机"图层的第1帧至第50帧之间创建传统补间动画。

8 将引导线设置为由多段不同颜色、不同笔触大小和不同宽度的线段组成的效果。

9 选择"纸飞机"图层的第1帧，在"属性"面板中选中"贴紧""调整到路径""沿路径着色""沿路径缩放"复选框，预览动画并保存文件。

🕐 课后练习

练习1：制作汽车行驶动画

　　制作一个汽车行驶动画，让汽车能够沿公路行驶，并顺利停放在停车场的停车位中，参考效果如图4-134所示。

微果视频

制作纸飞机动画

效果预览

汽车行驶动画
参考效果

素材所在位置　素材文件\项目四\练习1\汽车行驶.fla
效果所在位置　效果文件\项目四\练习1\汽车行驶.fla

图4-134　汽车行驶动画参考效果

操作要求如下。

① 将"汽车"元件导入舞台中。

② 添加关键帧并创建传统补间动画。

③ 调整关键帧处"汽车"图像的角度。

练习2：制作百叶窗动画

打开"百叶窗.fla"动画文件，利用遮罩动画为两张花卉图像制作百叶窗的动态切换效果，参考效果如图4-135所示。

 素材所在位置　素材文件\项目四\练习2\百叶窗.fla
效果所在位置　效果文件\项目四\练习2\百叶窗.fla

图4-135　百叶窗动画参考效果

操作要求如下。

① 分别将两张图像放置在两个图层中。

② 创建遮罩图层，在遮罩图层中创建补间形状动画。

③ 在开始关键帧中绘制多个宽度为49像素的长条矩形，每个矩形之间间隔1像素。

④ 在结束关键帧中将矩形的宽度改为1像素。

效果预览
百叶窗动画
参考效果

技能提升

1．让舞台大小自适应背景大小

当创建了一个动画文档后，有时候可能因为背景图像的大小与舞台大小不一致，从而需要重新调整舞台大小。这个时候就可以按下面介绍的方法，快速让舞台大小匹配背景图像的大小：将背景图像添加到舞台中，选择【修改】/【文档】菜单命令，打开"文档设置"对话框，单击 匹配内容 按钮，然后单击 确定 按钮，如图4-136所示。

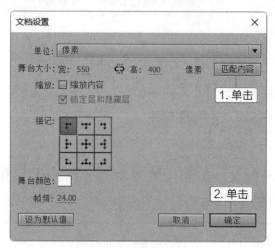

图4-136　修改舞台大小

2．导出动画

在Animate CC 2018中制作好的动画，可以根据不同的需要导出不同的动画文件格式，其方法为：选择【文件】/【导出】菜单命令，在打开的子菜单中选择对应的命令，然后在打开的对话框进行设置并导出。子菜单中各命令的作用如下。

● **导出图像**。该命令用于将某一帧的画面导出为静态的图像文件，并可设置图像参数。图像类型包括GIF、JPG、PNG等。

● **导出图像（旧版）**。该命令与上一个命令的作用相同，但无法设置参数，只能选择图像文件格式。

● **导出影片**。该命令用于将动画导出为SWF影片、JPEG序列、GIF序列或PNG序列。

● **导出视频**。该命令用于将动画导出为视频文件，视频格式默认为MOV。

● **导出动画GIF**。该命令用于将动画导出为GIF动画文件。

项目五

使用Premiere
制作数字视频

05

情景导入

米拉：老洪，短视频是不是数字视频呢？

老洪：当然是。由于移动通信技术的发展和智能手机等终端的普及，目前正是短视频"风靡全球"的时期。

米拉：短视频这种数字视频为什么这么受欢迎呢？

老洪：无论是短视频还是其他视频，相比于枯燥的文字和静态的图像而言，人们更愿意接受并吸收视频传递的信息，而且接受和吸收这些信息的速度也比文字和图像更快。

米拉：这些数字视频的内容看上去比较复杂，应该不容易制作吧？

老洪：其实制作数字视频并没有你想象中那么难。只要我们采集到了高质量的视频素材，制作起来就会很轻松。

学习目标

○ 了解常见的视频文件格式
○ 掌握视频的基本剪辑方法
○ 熟悉调整视频颜色和设置视频效果的操作
○ 熟悉在视频中设置运动效果的方法
○ 掌握在视频中添加效果、字幕、音频的方法

技能目标

○ 能使用Premiere剪辑出高质量的视频内容
○ 能使用Premiere打造动态视频
○ 能使用Premiere制作画面自然、流畅的视频
○ 能使用Premiere为视频添加字幕和声音

任务一　　制作茶产品推广视频

Premiere 是一款高效的 PC（Personal Computer，个人计算机）端数字视频制作软件，无论要制作简单的还是复杂的数字视频，使用 Premiere 都能够制作出满足要求的视频作品。

 任务目标

米拉保存了几个关于茶产品的视频素材。老洪需要她利用这些素材制作出一个关于茶产品推广的视频，以此使米拉掌握使用 Premiere 剪辑视频的基本方法，以及推广我国最具代表性的传统文化之一——茶文化，茶产品推广视频参考效果如图 5-1 所示。

效果预览

茶产品推广视频
参考效果

素材所在位置　素材文件\项目五\任务一\茶01.mp4~茶08.mp4、背景音乐.mp3
效果所在位置　效果文件\项目五\任务一\"产品推广"文件夹、产品推广.mp4

图5-1　茶产品推广视频参考效果

相关知识

1. 常见的数字视频文件格式

同其他数字媒体一样，数字视频的文件格式也有很多，下面主要介绍 AVI、MOV、MP4、WMV 等常见的格式，具体如图 5-2 所示。

AVI 是一种将视频信息与音频信息一起存储的数字视频文件格式，其图像质量好，可以在多个平台上播放，但文件较大

MOV 格式具有较高的压缩率、较好的清晰度和跨平台性

MP4 是一种标准的数字视频文件格式，具有先进的压缩标准，在保证画面清晰度的同时还有效降低了文件大小

WMV 是一种可以在网上实时观看视频节目的数字视频文件压缩格式，具有支持本地或网络回放、支持多种语言、扩展性好等优点

图5-2　常见的几种数字视频文件格式

2. Adobe Premiere Pro CC 2018 的操作界面

本项目案例均使用 Adobe Premiere Pro CC 2018 进行制作。启动 Adobe Premiere Pro CC 2018，打开图 5-3 所示的操作界面。该操作界面主要由四大部分组成：左上角主要有"源"面板、"效果"面板、"效果控件"面板等；右上角为"节目"面板；左下角为"项目"面板、"媒体浏览器"面板等；右下角为"时间轴"面板。各面板可以根据需要通过"窗口"菜单中的命令在操作界面中显示或隐藏起来。

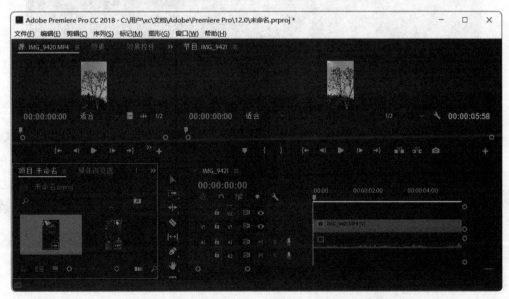

图5-3　Adobe Premiere CC 2018的操作界面

● **"源"面板**。该面板用于显示和控制"项目"面板中所选择的素材内容。

● **"效果"面板**。该面板用于显示预设的各种效果，并可以将这些效果添加到"时间轴"面板的素材上，为其应用效果。

● **"效果控件"面板**。该面板用于设置各种数字媒体素材的效果。

● **"节目"面板**。该面板用于显示和播放"时间轴"面板中数字媒体素材的内容。

● **"项目"面板**。该面板用于显示添加的各种数字媒体素材，进而将这些素材添加到"时间轴"面板中。

● **"媒体浏览器"面板**。该面板用于浏览计算机中存储的各种数字媒体素材，并可以将这些素材添加到"时间轴"面板或导入"项目"面板中。

● **"时间轴"面板**。该面板用于添加、管理和剪辑视频、图像、字幕、音频等素材，是剪辑视频的核心区域之一。

3．项目与序列

在 Adobe Premiere Pro CC 2018 中制作数字视频时，首先需要创建项目，然后在项目中创建序列。项目用于管理序列，而序列则是管理视频内容的载体。一个项目可以包含一个或多个序列，一个序列除了可以管理视频内容外，也可以作为素材被添加到其他序列中，如图 5-4 所示。

图5-4　Premiere中的序列

知识补充　　在 Adobe Premiere Pro CC 2018 中新建项目后，可以选择【文件】/【新建】/【序列】菜单命令或按【Ctrl+N】组合键，在打开的对话框中新建序列。建立的序列会自动添加到"项目"面板中。若要更改数字视频的画面尺寸，则可选择【序列】/【序列设置】菜单命令，在打开的对话框中指定水平和垂直方向的帧大小。

4．视频的基本剪辑方法

掌握以下剪辑视频的基本方法，就可以掌握数字视频的基本制作技能。

● **将素材添加到项目**。双击"项目"面板的空白区域，或在其中单击鼠标右键，在弹出的快捷菜单中选择【导入】命令，打开"导入"对话框，选择需要添加的一个或多个素材，单击 打开(O) 按钮，如图5-5所示。

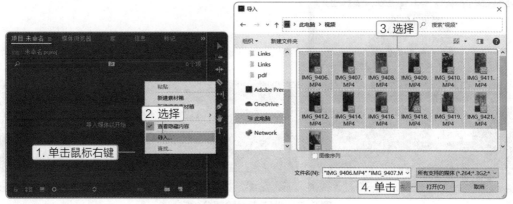

图5-5　将素材导入"项目"面板中

● **将素材添加到序列**。在"项目"面板中选择需要添加的素材，将其拖曳到相应的轨道上，在素材移至目标位置后，释放鼠标左键完成添加操作，如图5-6所示。

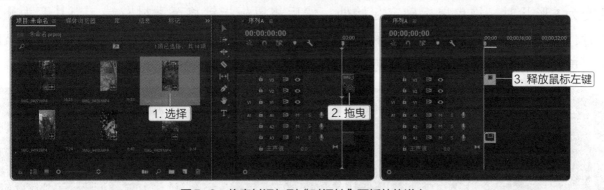

图5-6　将素材添加到"时间轴"面板的轨道上

知识补充

"时间轴"面板中带"V"字样的轨道为视频轨道，在其中可以添加和编辑视频、图像和字幕类素材；带"A"字样的轨道为音频轨道，在其中可以添加和编辑音频类素材。若想要添加新的轨道，可在"时间轴"面板轨道右侧的空白区域单击鼠标右键，在弹出的快捷菜单中选择【添加轨道】命令，然后在打开的"添加轨道"对话框中设置轨道的类型、位置和数量，单击 确定 按钮。若要删除多余的轨道，只需在要删除的轨道右侧的空白区域单击鼠标右键，在弹出的快捷菜单中选择【删除单个轨道】命令即可。

● **插入素材的部分内容**。在"项目"面板中双击需要添加的素材文件，在"源"面板中将显示该素材内容。拖曳蓝色的播放指示器定位到所需内容的开始处，单击"标记入点"按钮 ；然后将播放指示器定位到所需内容的结束处，单击"标记出点"按钮 ，此时便完成了素材内容的选取，如图5-7所示。此时拖曳"时间轴"面板的时间指示器到目标位置，单击"项目"面板中的"插入"按钮![icon]，就可以将该素材中选取的内容插入到"时间轴"面板轨道的目标位置。

图5-7 选取素材的部分内容

● **裁剪素材**。已经添加到轨道上的素材可以通过拖曳的方式裁剪其内容。只需在"时间轴"面板的工具箱中单击选择工具![icon]，选择该素材，将鼠标指针移至素材左端，当其变为![icon]形状时，拖曳鼠标确定起始处；然后将鼠标指针移至素材右端，当其变为![icon]形状时，拖曳鼠标确定结束处，如图5-8所示。需要注意的是，被裁减掉的内容并没有被删除，重新向相反的方向拖曳视频两端，就可以显示被裁减掉的部分。

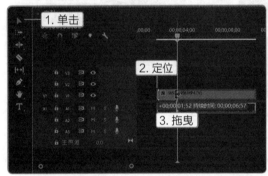
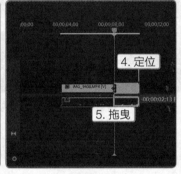

图5-8 裁剪素材

● **剪断素材**。若想要将一段素材剪断为几段内容，可先拖曳时间指示器至需剪断的位置，然后按【Ctrl+K】组合键。也可在工具箱中单击剃刀工具![icon]，然后在需要剪断的位置单击，如图5-9所示。

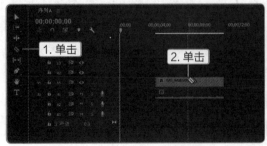

图5-9 使用剃刀工具剪断素材

● **移动素材**。在轨道上选择并拖曳某段素材至目标位置，释放鼠标左键便可移动该素材，如图5-10所示。

图5-10　移动素材

● **复制素材**。在轨道上选择需复制的素材，按【Ctrl+C】组合键复制素材，拖曳时间指示器至目标位置，按【Ctrl+V】组合键粘贴素材，如图5-11所示。

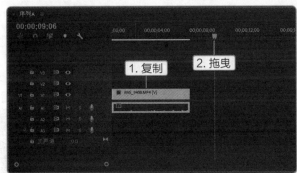

图5-11　复制素材

● **删除素材**。在轨道上选择需删除的素材，直接按【Delete】键将其删除，如图5-12所示。

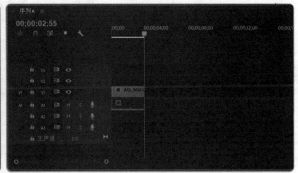

图5-12　删除素材

● **更改素材播放速度和持续时间**。通过更改素材的播放速度或持续时间，可以使素材加速播放或减速播放。选择素材，单击鼠标右键，在弹出的快捷菜单中选择【速度/持续时间】命令，打开"剪辑速度/持续时间"对话框，在其中设置"速度"或"持续时间"的值，单击　确定　按钮，如图5-13所示。

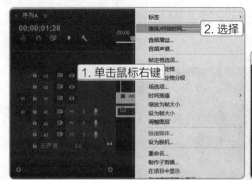  

图5-13   调整素材播放速度的过程

知识补充

在"剪辑速度 / 持续时间"对话框中选中"倒放速度"复选框，可倒放素材的内容。

● **删除视频素材中的声音**。选择视频素材，单击鼠标右键，在弹出的快捷菜单中选择【取消链接】命令，可将音频素材分离出来。选择该音频素材，按【Delete】键可将其单独删除，如图5-14所示。

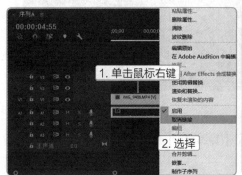 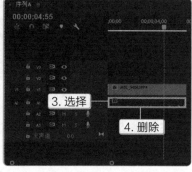 

图5-14   删除视频素材声音的过程

任务实施

1. 新建项目并导入素材

下面首先新建项目和序列，然后将素材导入"项目"面板中，具体操作如下。

微课视频

新建项目并导入素材

1 启动 Adobe Premiere Pro CC 2018，选择【文件】/【新建】/【项目】菜单命令，如图5-15所示。

2 打开"新建项目"对话框，在"名称"文本框中输入"产品推广"文本，利用 浏览 按钮可设置项目的保存位置，这里保持默认设置，单击 确定 按钮，如图5-16所示。

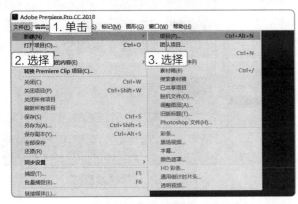

图5-15　新建项目

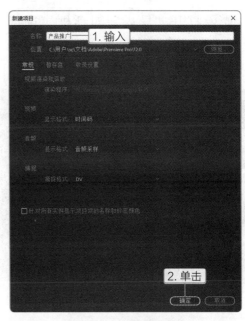

图5-16　设置项目名称

③ 选择【文件】/【新建】/【序列】菜单命令，如图 5-17 所示。

④ 打开"新建序列"对话框，单击"设置"选项卡，在"编辑模式"下拉列表框中选择"自定义"选项，在"帧大小"的两个文本框中分别输入"1920"和"1080"，在"像素长宽比"下拉列表框中选择"方形像素 (1.0)"选项，在下方的"序列名称"文本框中输入"茶"文本，单击 **确定** 按钮，如图 5-18 所示。

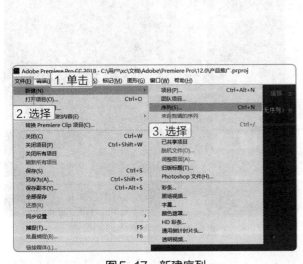

图5-17　新建序列

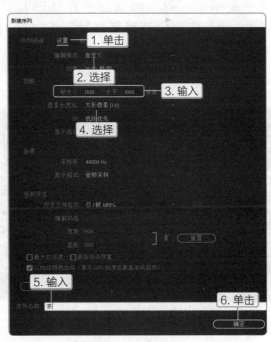

图5-18　设置序列

⑤ 在"项目"面板的空白区域单击鼠标右键，在弹出的快捷菜单中选择【导入】命令，如图 5-19 所示。

⑥ 打开"导入"对话框，选择"茶 01.mp4~ 茶 08.mp4"视频素材，单击 打开(O) 按钮，如图 5-20 所示。

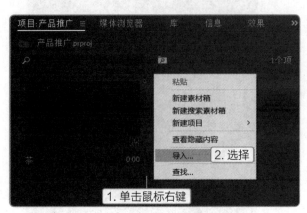

图5-19　导入素材

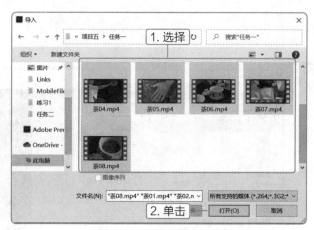

图5-20　选择视频素材

2. 插入素材内容并删除音频

微课视频

插入素材内容
并删除音频

导入的视频素材并不是所有内容都适用，因此接下来需要有选择性地插入视频内容，然后通过取消链接的方式删除视频素材附带的音频部分，具体操作如下。

① 在"项目"面板中找到并双击"茶 01.mp4"视频素材，如图 5-21 所示。

② 单击"源"面板左下方蓝色的时间区域，在显示的文本框中输入"00:00:00:15"，按【Enter】键定位到视频素材第 15 帧的位置，单击"标记入点"按钮 ，如图 5-22 所示。

图5-21　双击素材

图5-22　精确确定视频入点

③ 在"源"面板的"时间"文本框中输入"00:00:03:05"，按【Enter】键定位到视频素材第 3 秒 5 帧的位置，单击"标记出点"按钮 ，单击"插入"按钮 ，如图 5-23 所示。

④ 此时"茶 01.mp4"视频素材第 15 帧至第 3 秒 5 帧的内容便被插入"时间轴"面板的轨道上了，按【Space】键进行预览，如图 5-24 所示。

图5-23　精确确定视频出点并插入素材

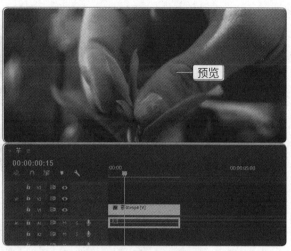

图5-24　预览视频内容

⑤ 选择插入的视频素材，单击鼠标右键，在弹出的快捷菜单中选择【取消链接】命令，如图 5-25 所示。

⑥ 选择分离出来的音频素材，按【Delete】键将其删除，如图 5-26 所示。

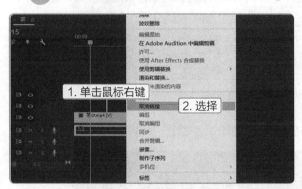

图5-25　取消链接

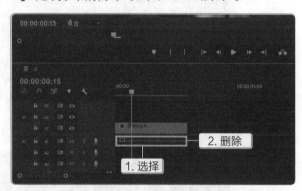

图5-26　删除音频素材

⑦ 拖曳时间指示器至插入的素材后面（留一点空隙），将"茶 02.mp4"视频素材的第 1~4 秒部分插入"时间轴"面板中，如图 5-27 所示。

⑧ 使用选择工具▶拖曳插入的视频素材，使其与前一个素材相连，如图 5-28 所示。

图5-27　插入视频部分内容

图5-28　移动视频素材

⑨ 使用相同的方法将其他视频素材中合适的内容（3 秒时长）按编号顺序插入"时间轴"面板（其中"茶 05.mp4"视频素材暂时不需裁剪），并确保所有素材紧密相连，如图 5-29 所示。

图5-29　插入其他视频内容

⑩ 拖曳鼠标框选包含音频的视频素材，单击鼠标右键，在弹出的快捷菜单中选择【取消链接】命令，如图 5-30 所示。

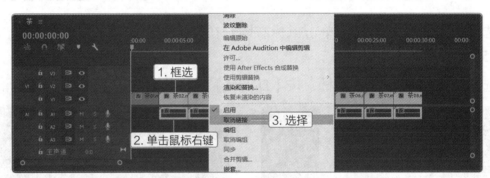

图5-30　取消包含音频的视频素材的链接

⑪ 框选分离后的所有音频素材，按【Delete】键删除，如图 5-31 所示。

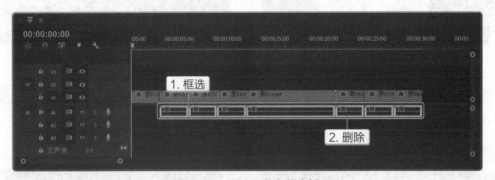

图5-31　删除所有音频素材

3．剪辑视频素材

为了让视频节奏看上去更加柔和，内容切换得更具有吸引力，还需要剪断部分视频素材，并调整各个视频素材的播放速度和播放顺序等，具体操作如下。

微课视频

剪辑视频素材

❶ 拖曳时间指示器至"茶 05.mp4"视频素材两个画面的交界处，按【Ctrl+K】组合键剪断视频素材，如图 5-32 所示。

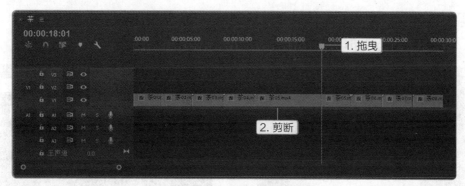

图5-32 剪断视频素材

❷ 按住【Ctrl】键拖曳右侧的"茶 05.mp4"视频素材至"茶 04.mp4"视频素材的后面，裁剪另一个"茶 05.mp4"视频素材，只保留前 3 秒的内容，如图 5-33 所示。这里需要注意，如果直接拖曳素材，则会覆盖原位置上的内容；要想不执行覆盖操作，需要按住【Ctrl】键进行拖曳。

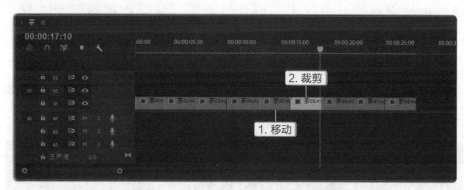

图5-33 处理"茶05.mp4"视频素材

❸ 选择"茶 02.mp4"视频素材，单击鼠标右键，在弹出的快捷菜单中选择【速度 / 持续时间】命令，如图 5-34 所示。

❹ 打开"剪辑速度 / 持续时间"对话框，选中"倒放速度"复选框，单击 确定 按钮，如图 5-35 所示。

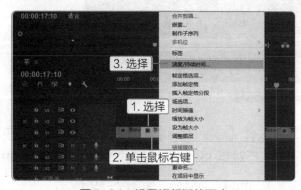

图5-34 设置视频播放顺序

图5-35 设置倒放视频

⑤ 拖曳鼠标，框选所有视频素材，单击鼠标右键，在弹出的快捷菜单中选择【速度 / 持续时间】命令，如图 5-36 所示。

⑥ 打开"剪辑速度 / 持续时间"对话框，在"速度"文本框中输入"80"，单击 确定 按钮，如图 5-37 所示。

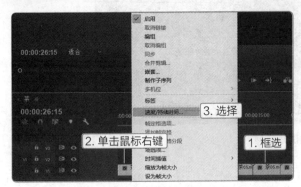

图5-36　设置视频播放速度　　　　图5-37　设置减速播放

4．保存并导出视频文件

为了让视频更加完整，下面导入一段背景音乐，然后将视频保存并导出为 MP4 格式的文件，具体操作如下。

微课视频

保存并导出
视频文件

① 双击"项目"面板的空白区域，在打开的对话框中导入"背景音乐 .mp3"音频素材。将其拖曳到"时间轴"面板的 A1 轨道上，并裁剪掉右侧多出来的部分，如图 5-38 所示。

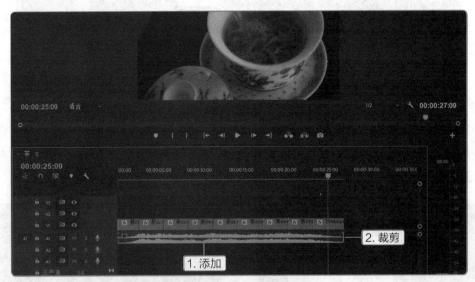

图5-38　添加并裁剪音频素材

② 按【Ctrl+S】组合键保存项目文件，然后选择【文件】/【导出】/【媒体】菜单命令或直接按【Ctrl+M】组合键，打开"导出设置"对话框。在"格式"下拉列表框中选择"H.264"选项，单击"输出名称"栏中的"茶 .mp4"链接，如图 5-39 所示。

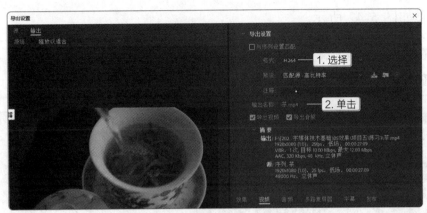

图5-39 设置视频文件导出格式

❸ 打开"另存为"对话框，设置视频文件的保存位置和名称，单击 保存(S) 按钮，如图 5-40 所示。

❹ 返回"导出设置"对话框，单击 导出 按钮导出视频文件，如图 5-41 所示。

图5-40 设置视频文件保存位置和名称

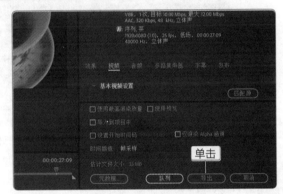

图5-41 导出视频文件

任务二 制作环保宣传视频

在 Adobe Premiere Pro CC 2018 中，可以通过插入和设置关键帧等操作，改变视频画面的位置、大小、角度、不透明度等，使其变得更加生动和丰富，从而达到提高视频质量的目的。

任务目标

米拉从老洪那里拿到了许多环保宣传的视频片段，老洪要求她将这些片段制作成一个简单的环保宣传视频，并将文件以 MP4 的格式导出来。同时，老洪还明确告诉米拉可以通过调整位置、大小、角度、不透明度等来展现视频画面的动态效果，并确保每个视频片段的效果不能完全一致。本

效果预览

环保宣传视频
参考效果

任务的参考效果如图 5-42 所示。

> **素材所在位置**　素材文件\项目五\任务二\环境01.mp4~环境10.mp4、背景音乐.mp3
> **效果所在位置**　效果文件\项目五\任务二\"环保宣传"文件夹、环保宣传.mp4

图5-42　环保宣传视频参考效果

　**相关知识**

1. 设置运动效果

要想画面具有更加丰富的动态效果，需要在"效果控件"面板中插入关键帧进行设置，其中主要设置位置、缩放和旋转。

● **位置**：是指在轨道上选择素材，并拖曳时间指示器到需要插入关键帧的起始位置。切换到"效果控件"面板，单击"运动"选项左侧的"展开"按钮，单击"位置"栏左侧的"插入关键帧"图标，使其呈状态，然后调整"位置"栏右侧文本框中的参数值。将时间指示器定位到目标位置，重新调整"位置"参数值，所选素材便可以产生位置上的动态变化效果，如图5-43所示。

知识补充

> "位置"栏右侧有两个文本框，前一个用于调整水平方向的位置；后一个用于调整垂直方向的位置。调整时可以单击文本框后输入精确的数据，也可以直接拖曳鼠标来快速调整。

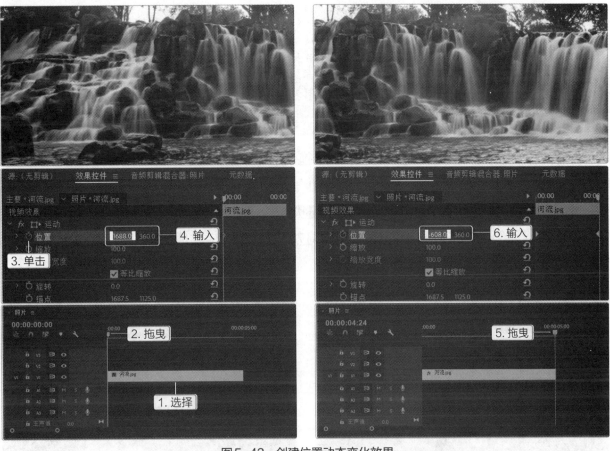

图5-43 创建位置动态变化效果

● **缩放**：是指在轨道上选择素材，并拖曳时间指示器到需要插入关键帧的起始位置。切换到"效果控件"面板，单击"运动"选项左侧的"展开"按钮，单击"缩放"栏左侧的"插入关键帧"图标，使其呈状态，调整"缩放"栏右侧文本框中的参数值。将时间指示器定位到目标位置，重新调整"缩放"参数值，所选素材便可以产生缩放的动态变化效果，如图5-44所示。

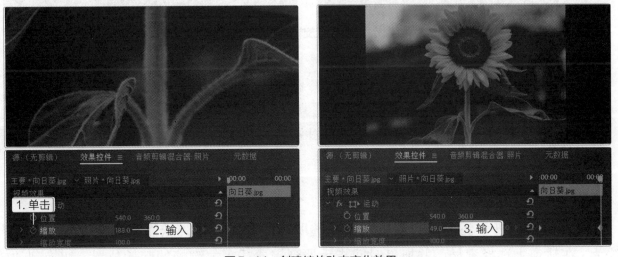

图5-44 创建缩放动态变化效果

设置"缩放"参数值时，"等比缩放"复选框默认为选中状态，此时仅需调整一个参数值，就能控制缩放比例；若取消选中该复选框，则"缩放"参数值只能控制高度上的缩放效果，此时通过"缩放宽度"栏可以控制宽度上的缩放效果。

● **旋转**：是指在轨道上选择素材，并拖曳时间指示器到需要插入关键帧的起始位置。切换到"效果控件"面板，单击"运动"选项左侧的"展开"按钮，单击"旋转"栏左侧的"插入关键帧"图标，使其呈状态，调整"旋转"栏右侧文本框中的参数值。将时间指示器定位到目标位置，重新调整"旋转"参数值，所选素材便可以产生旋转的动态变化效果，如图5-45所示。

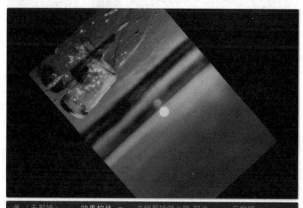
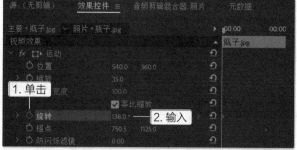

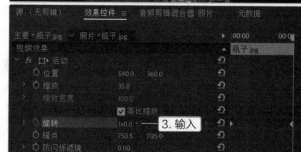

图5-45　创建旋转动态变化效果

设置"旋转"参数值时，输入"1x"表示"360°"，输入"2x"表示"720°"，输入"1x+40"表示"400°"。若前一个关键帧的度数大于后一个关键帧的度数，则图像顺时针旋转，反之则逆时针旋转。

2. 设置不透明度

除运动效果外，还可以为素材设置不透明度的动态变化，从而实现渐变效果。其方法为：在轨道上选择素材，并拖曳时间指示器到需要插入关键帧的起始位置；切换到"效果控件"面板，单击"不透明度"选项左侧的"展开"按钮，单击"不透明度"栏左侧的"插入关键帧"图标 ⬦，使其呈 ⬥ 状态，调整"不透明度"栏右侧文本框中的参数值；将时间指示器定位到目标位置，重新调整"不透明度"参数值，所选素材便可以产生透明度的动态变化效果，如图 5-46 所示。

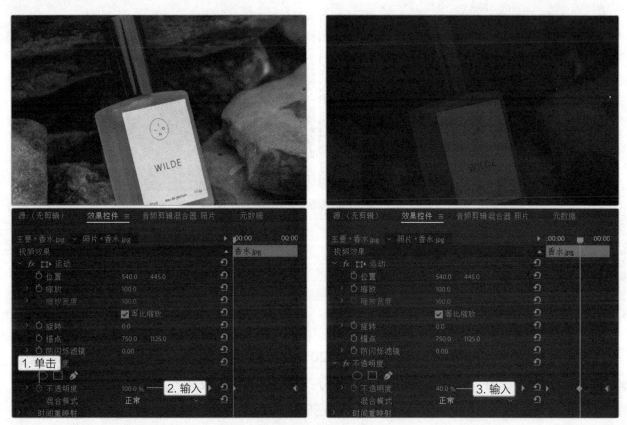

图5-46　创建透明度动态变化效果

3. 添加并设置效果

除了"效果控件"面板中预设的动态效果外，还可以为素材添加 Adobe Premiere Pro CC 2018 预设的视频效果，然后利用插入关键帧并修改参数值的方法，让这些效果也"动"起来。其方法为：切换到"效果"面板，双击展开"视频效果"选项，继续双击某个效果选项将其展开，拖曳某种效果至"时间轴"面板的素材上，便可为素材添加该效果，如图 5-47 所示。

图5-47　为素材添加某种效果

选择该素材，切换到"效果控件"面板，在其中可看到添加的效果选项。按设置"运动"和"不透明度"参数值的方法，在素材的不同位置插入关键帧，调整不同的参数值，就可以实现动态效果了。图 5-48 所示为素材从模糊到清晰的动态显示效果。

图5-48   素材由模糊到清晰的动态显示效果

 任务实施

1. 新建项目并导入素材

微课视频

新建项目并导入素材

本任务提供的视频素材的分辨率为 1920 像素 ×1080 像素，为了更好地体现动态效果，在新建序列时，序列的分辨率可以小于视频素材的分辨率。下面首先新建项目和序列，然后导入视频素材并将其添加到"时间轴"面板中，具体操作如下。

❶ 启动 Adobe Premiere Pro CC 2018，如果软件自动出现"开始"对话框，可直接单击 新建项目 按钮新建项目，如图 5-49 所示。

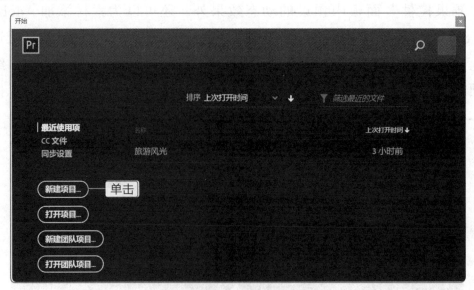

图5-49   单击"新建项目"按钮

2 打开"新建项目"对话框，在"名称"文本框中输入"环保宣传"文本，单击
确定 按钮，如图 5-50 所示。

3 按【Ctrl+N】组合键打开"新建序列"对话框，单击"设置"选项卡，在"编辑
模式"下拉列表框中选择"自定义"选项，在"帧大小"的两个文本框中分别输入"1080"
和"720"，在"像素长宽比"下拉列表框中选择"方形像素 (1.0)"选项，在下方的"序
列名称"文本框中输入"环境"文本，单击 **确定** 按钮，如图 5-51 所示。

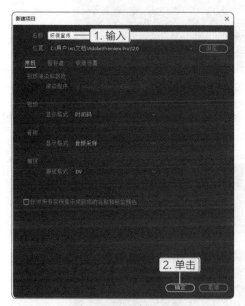

图5-50　设置项目名称

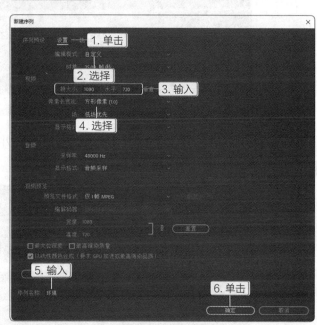

图5-51　新建序列

4 在"项目"面板的空白区域双击，打开"导入"对话框，框选所有视频素材，单
击 **打开(O)** 按钮，将"环境 01.mp4~ 环境 10.mp4"视频素材导入"项目"面板中，如图 5-52
所示。

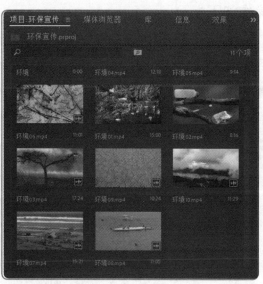

图5-52　将视频素材导入"项目"面板

⑤ 将导入的视频素材拖曳到"时间轴"面板中的 V1 轨道上，在打开的"剪辑不匹配警告"对话框中单击 保持现有设置 按钮，然后分离并删除所有视频素材的音频，如图 5-53 所示。

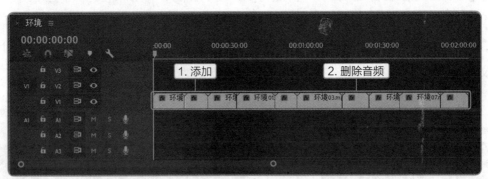

图5-53　添加视频素材并删除音频

⑥ 利用【Ctrl】键将视频素材按编号从小到大排列，然后裁剪所有视频素材的持续时间至合适的时长（5秒），如图 5-54 所示。

图5-54　调整视频素材顺序并裁剪视频素材

2. 设置运动效果

微课视频

设置运动效果

为了增加视频的趣味性，可以为每一个视频片段设置不同的运动效果，具体操作如下。

① 选择"环境 01.mp4"视频素材，为其设置从下到上的运动效果。将时间指示器定位到该视频素材左端，切换到"效果控件"面板，单击"运动"选项左侧的"展开"按钮▶，单击"位置"栏左侧的"插入关键帧"图标⭕，使其呈⭕状态，然后设置"位置"右边第二个文本框中的参数值为"181.0"，如图 5-55 所示。

② 将时间指示器定位到该素材右端（可利用键盘上的方向键精确定位），设置"位置"右边第二个文本框中的参数值为"529.0"，如图 5-56 所示。

职业素养

为视频素材设置动态效果时，应充分结合素材内容进行设置。例如，这里的"环境 01.mp4"视频素材为从下到上的运动效果，让观众可以首先注意到水中的垃圾，然后看到这是动物的栖息地，从而可以给观众的心理带来更大的冲击。

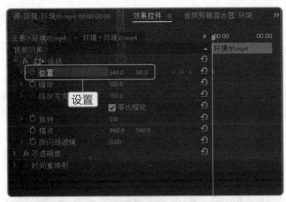
图5-55　设置"环境01.mp4"的初始位置

图5-56　设置"环境01.mp4"的结束位置

③ 选择"环境02.mp4"视频素材，为其设置拉远画面的运动效果。将时间指示器定位到该素材左端，插入缩放关键帧，设置"缩放"为"110.0"，如图5-57所示。

④ 将时间指示器定位到该素材右端，设置"缩放"为"100.0"，如图5-58所示。

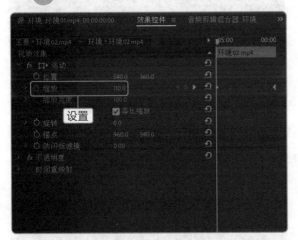
图5-57　设置"环境02.mp4"的初始缩放

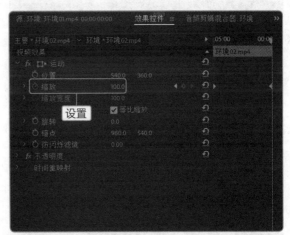
图5-58　设置"环境02.mp4"的结束缩放

⑤ 选择"环境03.mp4"视频素材，为其设置推进画面的运动效果。将时间指示器定位到该素材左端，插入缩放关键帧，设置"缩放"为"80.0"，如图5-59所示。

⑥ 将时间指示器定位到该素材右端，设置"缩放"为"100.0"，如图5-60所示。

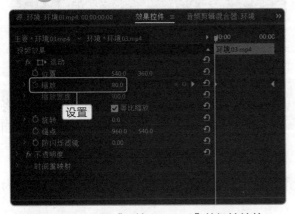
图5-59　设置"环境03.mp4"的初始缩放

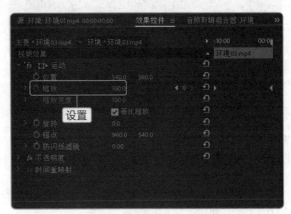
图5-60　设置"环境03.mp4"的结束缩放

⑦　选择"环境04.mp4"视频素材，为其设置水平移动和拉远画面的运动效果。将时间指示器定位到该素材左端，插入位置关键帧，设置第一个文本框的参数值为"960.0"，同时插入缩放关键帧，设置"缩放"为"150.0"，如图5-61所示。

⑧　将时间指示器定位到该素材右端，设置第一个"位置"为"800.0"，"缩放"为"100.0"，如图5-62所示。

图5-61　设置"环境04.mp4"的初始位置和缩放

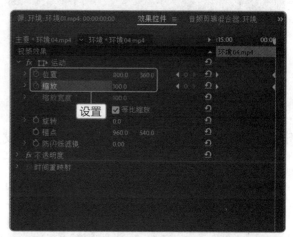

图5-62　设置"环境04.mp4"的结束位置和缩放

⑨　选择"环境05.mp4"视频素材，为其设置推进画面的运动效果。将时间指示器定位到该素材左端，插入缩放关键帧，设置"缩放"为"80.0"，如图5-63所示。

⑩　将时间指示器定位到该素材右端，设置"缩放"为"130.0"，如图5-64所示。

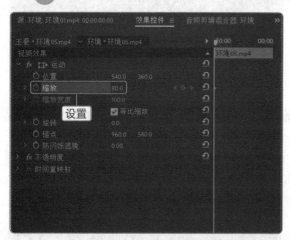

图5-63　设置"环境05.mp4"的初始缩放

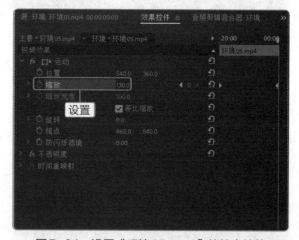

图5-64　设置"环境05.mp4"的结束缩放

⑪　选择"环境06.mp4"视频素材，为其设置水平移动和拉远画面的运动效果。将时间指示器定位到该素材左端，插入位置关键帧，设置第一个"位置"为"600.0"，同时插入缩放关键帧，设置"缩放"为"110.0"，如图5-65所示。

⑫　将时间指示器定位到该素材右端，设置第一个"位置"为"150.0"，"缩放"为"100.0"，如图5-66所示。

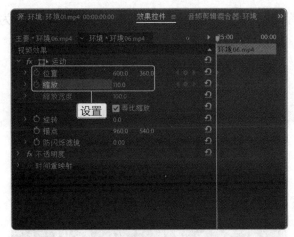

图5-65 设置"环境06.mp4"的初始位置和缩放

图5-66 设置"环境06.mp4"的结束位置和缩放

⑬ 选择"环境07.mp4"视频素材,为其设置从右到左移动的效果。将时间指示器定位到该素材左端,设置"缩放"为"110.0"(注意不需要插入关键帧)。然后插入位置关键帧,设置第一个文本框的参数值为"50.0",如图5-67所示。

⑭ 将时间指示器定位到该素材右端,设置第一个"位置"为"800.0",如图5-68所示。

图5-67 设置"环境07.mp4"的缩放和初始位置

图5-68 设置"环境07.mp4"的结束位置

⑮ 选择"环境08.mp4"视频素材,为其设置推进和旋转画面的运动效果。将时间指示器定位到该素材左端,插入缩放关键帧,设置"缩放"为"120.0",同时插入旋转关键帧,设置"旋转"为"45.0°",如图5-69所示。

⑯ 将时间指示器定位到该素材右端,设置"缩放"为"100.0","旋转"参数为"0.0°",如图5-70所示。

⑰ 选择"环境09.mp4"视频素材,为其设置移动、旋转和推进画面的运动效果。将时间指示器定位到该素材左端,插入位置关键帧,设置第一个文本框的参数值为"960.0",同时插入缩放关键帧,设置"缩放"为"120.0",继续插入旋转关键帧,设置"旋转"参数为"-15.0°",如图5-71所示。

⑱ 将时间指示器定位到该素材右端，设置第一个"位置"为"240.0"，"缩放"为"90.0"，"旋转"为"0.0°"，如图 5-72 所示。

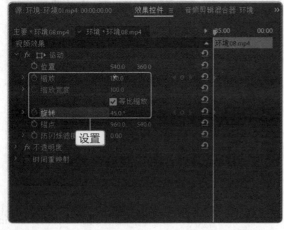

图5-69　设置"环境08.mp4"的初始缩放和角度

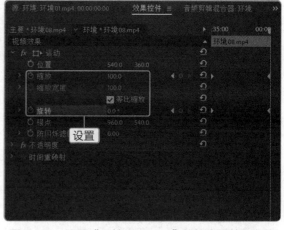

图5-70　设置"环境08.mp4"的结束缩放和角度

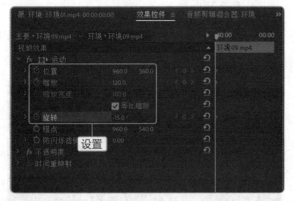

图5-71　设置"环境09.mp4"的初始位置、缩放和角度

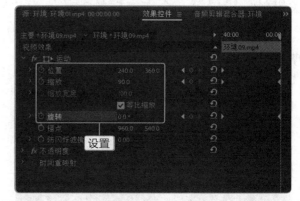

图5-72　设置"环境09.mp4"的结束位置、缩放和角度

⑲ 选择"环境 10.mp4"视频素材，为其设置拉远画面的运动效果。将时间指示器定位到该素材左端，插入缩放关键帧，设置"缩放"为"200.0"，如图 5-73 所示。

⑳ 将时间指示器定位到该素材右端，设置"缩放"为"80.0"，如图 5-74 所示。

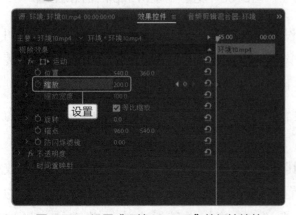

图5-73　设置"环境10.mp4"的初始缩放

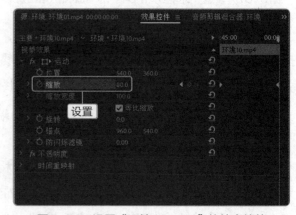

图5-74　设置"环境10.mp4"的结束缩放

3. 设置不透明度渐变效果

为每一段视频素材设置特定的不透明度效果，则素材与素材之间切换时会更加自然、柔和，具体操作如下。

设置不透明度
渐变效果

1 选择"环境01.mp4"视频素材，为第1秒设置渐入效果。将时间指示器定位到该素材左端，插入不透明度关键帧，设置"不透明度"为"0.0%"，如图5-75所示。

2 将时间指示器定位到1秒处，设置"不透明度"为"100.0%"，如图5-76所示。

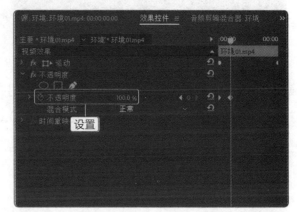

图5-75 设置"环境01.mp4"的初始不透明度　　图5-76 设置"环境01.mp4"1秒处的不透明度

3 将时间指示器定位到4秒处，单击"不透明度"栏右侧的"添加/移除关键帧"按钮，在不透明度不变的情况下，在该位置添加关键帧，如图5-77所示。

4 将时间指示器定位到该素材右端，设置"不透明度"为"30.0%"，如图5-78所示，即该素材在最后一秒时的不透明度由"100.0%"逐渐降低为"30.0%"。

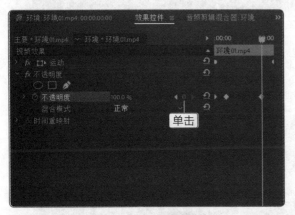

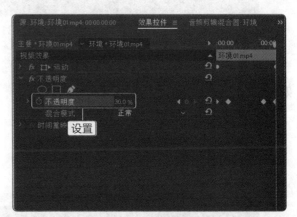

图5-77 添加关键帧　　　　　　　　　图5-78 修改不透明度

5 选择"环境02.mp4"视频素材，将时间指示器定位到该素材左端，设置"不透明度"为"30.0%"，如图5-79所示。

6 将时间指示器定位到6秒处，设置"不透明度"为"100.0%"，如图5-80所示，即该素材在第一秒时的不透明度由"30.0%"逐渐增加至"100.0%"。

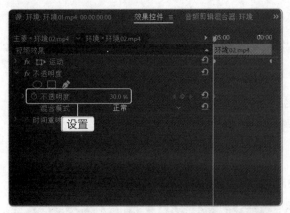
图5-79　设置"环境02.mp4"的初始不透明度

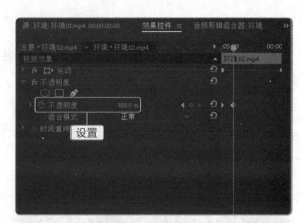
图5-80　设置"环境02.mp4"1秒处的不透明度

7 按相同思路设置"环境02.mp4"视频素材的最后一秒至"环境10.mp4"视频素材的第一秒的不透明度，即每个素材的第一秒的不透明度由"30.0%"逐渐增加为"100.0%"，最后一秒的不透明度由"100.0%"逐渐减少至"30.0%"，如图5-81所示。

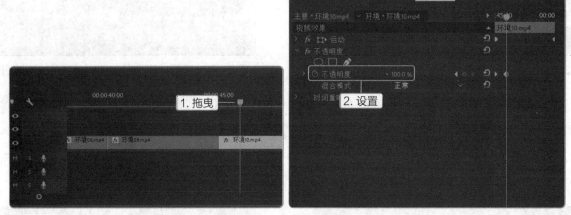
图5-81　设置不透明度

8 设置"环境10.mp4"视频素材的最后一秒的不透明度由"100.0%"降低为"0.0%"，如图5-82所示。

图5-82　设置"环境10.mp4"最后一秒的不透明度

4. 设置模糊效果

有了动态和渐变效果后，还可以为部分素材设置模糊效果，使其呈现出由清晰到模糊，或由模糊到清晰的变化，以进一步丰富视频效果，具体操作如下。

❶ 选择"环境02.mp4"视频素材，切换到"效果"面板，依次双击展开"视频效果"下的"模糊与锐化"选项，将"方向模糊"效果拖曳到选择的"环境02.mp4"视频素材上，如图5-83所示。

图5-83　为视频素材添加效果

❷ 将时间指示器定位到"环境02.mp4"视频素材左端，插入方向关键帧，设置"方向"为"90.0°"；插入模糊长度关键帧，设置"模糊长度"为"40.0"，如图5-84所示。

❸ 将时间指示器定位到8秒处，设置"模糊长度"为"0.0"，如图5-85所示。

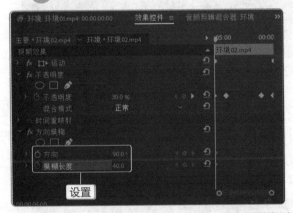

图5-84　设置"环境02.mp4"的初始方向和模糊长度

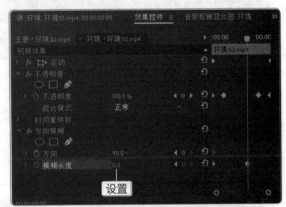

图5-85　设置"环境02.mp4"的结束模糊长度

❹ 选择"环境09.mp4"视频素材，在"效果"面板中将"方向模糊"效果拖曳到选择的"环境09.mp4"视频素材上。将时间指示器定位到"环境09.mp4"视频素材左端，插入方向关键帧，设置"方向"为"135.0°"，插入模糊长度关键帧，设置"模糊长度"为"50.0"，如图5-86所示。

❺ 将时间指示器定位到43秒处，设置"模糊长度"为"0.0"，如图5-87所示。

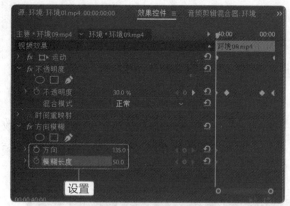

图5-86　设置"环境09.mp4"的初始方向和模糊长度

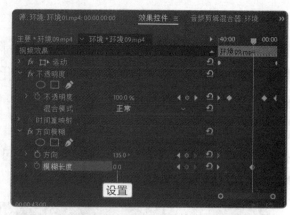

图5-87　设置"环境09.mp4"的结束模糊长度

5. 添加音频并导出视频

完成上述操作后，下面只需将背景音乐添加到音频轨道上，然后预览效果，确认无误后将项目导出为 MP4 格式的视频文件，具体操作如下。

微课视频

添加音频并
导出视频

1 在"项目"面板中导入"背景音乐 .mp3"音频素材，将其拖曳到"时间轴"面板的 A1 轨道，如图 5-88 所示。

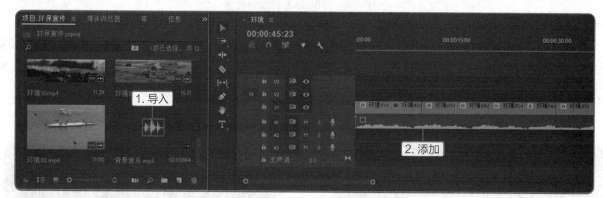

图5-88　导入并添加音频

2 按【Space】键预览视频效果，确认无误后按【Ctrl+M】组合键打开"导出设置"对话框。在"格式"下拉列表框中选择"H.264"选项，单击"输出名称"栏中的"环境 .mp4"链接，如图 5-89 所示。

图5-89　设置视频文件导出格式

3 打开"另存为"对话框，设置视频文件的保存位置和名称，单击 保存(S) 按钮，如图 5-90 所示。

4 返回"导出设置"对话框，单击 导出 按钮导出视频文件，如图 5-91 所示。

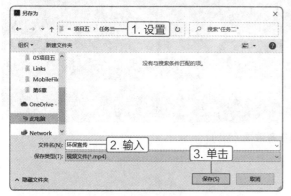

图5-90 设置视频文件保存位置和名称

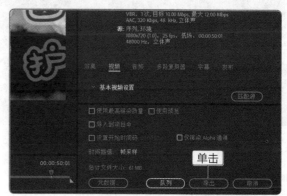

图5-91 导出视频文件

任务三 制作城市生活视频

由于现场条件或拍摄水平的限制，可能会导致拍摄的视频画面不太符合要求。为了保证视频文件的质量，应当适当调整视频素材。同时，为了使不同的画面之间衔接得更加自然，还可以根据需要在素材与素材之间添加和设置过渡效果。

 任务目标

米拉保存了几个关于城市的视频素材，但每个素材的画面看上去都不太美观，因此她现在需要先修正这些素材的颜色，然后结合视频过渡效果制作一个关于城市生活的视频。本任务的参考效果如图 5-92 所示。

效果预览

城市生活视频
参考效果

素材所在位置 素材文件\项目五\任务三\城市01.mp4~城市05.mp4、背景音乐.mp3
效果所在位置 效果文件\项目五\任务三\"城市生活"文件夹、城市生活.mp4

图5-92 城市生活视频参考效果

图5-92　城市生活视频参考效果（续）

相关知识

1. 调整视频颜色

在 Adobe Premiere Pro CC 2018 中，可以利用"Lumetri 颜色"面板来调整视频的颜色，该面板主要包括"基本校正""创意""曲线""色轮""HSL 辅助""晕影"等栏，下面分别进行介绍。

● **基本校正**。该栏用于校正或还原素材文件的颜色，修正其中过暗或过亮的区域，调整曝光与明暗对比等。图5-93所示为该栏的常用选项。

● **创意**。该栏用于调整素材文件的色调，还可以通过设置"强度""色彩平衡"等参数来打造具有创意的效果。图5-94所示为该栏的常用选项。

图5-93　"基本校正"栏的常用选项　　　　　　　　　图5-94　"创意"栏的常用选项

● **曲线**。该栏用于调整素材文件中的色调范围，其中"RGB曲线"可以控制亮度，"色相饱和度曲线"可以调整色相和饱和度。图5-95所示为该栏的常用选项。

● **色轮**。该栏用于调整或强化高光、阴影和中间调的色彩。图5-96所示为该栏的常用选项。

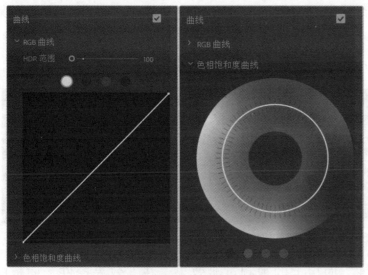

图5-95　"曲线"栏的常用选项

图5-96　"色轮"栏的常用选项

● **HSL辅助**。在该栏中，使用"键"中的选项可以选择区域并设置遮罩；使用"优化"中的选项可以调整遮罩边缘；使用"更正"中的选项可以调整局部颜色。图5-97所示为该栏的常用选项。

● **晕影**。该栏用于实现中心处明亮、边缘逐渐淡出的效果，可以控制晕影的"数量""中点""圆度""羽化"值。图5-98所示为该栏的常用选项。

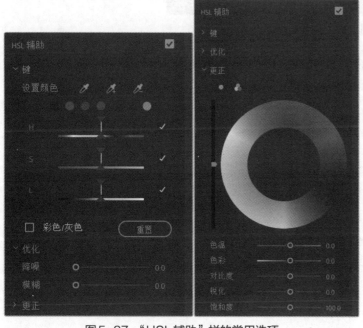

图5-97　"HSL辅助"栏的常用选项

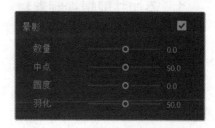

图5-98　"晕影"栏的常用选项

2. 使用视频过渡效果

首先要明白，并不是每个不同的视频画面或视频素材之间都需要使用过渡效果来衔接，有时使用过渡效果反而会影响视频内容的展现和节奏感。只有当确实需要时，才应在视频素材之间使用过渡效果。

● **添加视频过渡**。在"效果"面板中双击展开"视频过渡"选项，然后双击展开某种视频过渡类型选项，将其下的视频过渡效果拖曳到素材与素材之间的位置，释放鼠标左键便可在这两个素材之间添加对应的视频过渡效果，如图5-99所示。

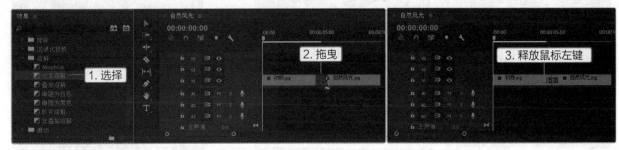

图5-99　添加视频过渡效果

● **设置视频过渡**。选择"时间轴"面板上的视频过渡效果，在"效果控件"面板的"持续时间"栏可设置过渡效果的持续时间，拖曳右侧的过渡效果矩形块可以设置过渡效果的位置，以决定在什么时间开始展现过渡效果，如图5-100所示。

图5-100　设置视频过渡

● **删除视频过渡**。选择"时间轴"面板上的视频过渡效果，单击鼠标右键，在弹出的快捷菜单中选择【清除】命令便可删除该视频过渡效果。

 **任务实施**

1. 添加并剪辑视频素材

下面先新建项目，然后导入并添加视频素材，接着删除其中的音频部分，然后截取每个视频素材10秒的内容，具体操作如下。

微课视频

添加并剪辑视频
素材

❶ 新建"城市生活"项目，将"城市01.mp4~城市05.mp4"视频素材导入"项目"面板中，如图5-101所示。

② 将 5 个视频素材拖曳到"时间轴"面板中，此时 Adobe Premiere Pro CC 2018 将根据素材尺寸自动创建相同分辨率的序列，并用第 1 个添加到轨道上的素材名称为序列命名。按住【Ctrl】键调整各视频素材的排列顺序，如图 5-102 所示。

图5-101 导入视频素材

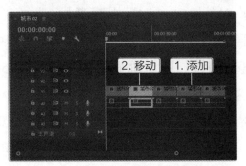

图5-102 添加并调整视频素材

③ 框选所有视频素材，单击鼠标右键，在弹出的快捷菜单中选择【取消链接】命令，然后重新框选所有分离出来的音频部分，按【Delete】键将其删除，如图 5-103 所示。

④ 选择"城市 01.mp4"视频素材，拖曳其左右两端，裁剪掉开始和结束各 1 秒的内容，使剩余部分只有 10 秒内容，如图 5-104 所示。

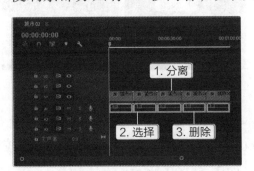

图5-103 删除音频

图5-104 裁剪视频素材

⑤ 使用相同的方法裁剪其他视频素材开始和结束的部分内容，使剩余部分统一只有 10 秒内容，如图 5-105 所示。

⑥ 拖曳各视频素材，使其从 V1 轨道开始处以首尾相连的形式排列，如图 5-106 所示。

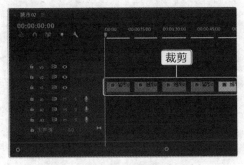

图5-105 裁剪其他视频素材

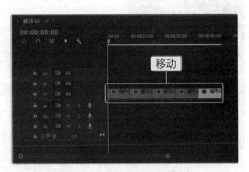

图5-106 移动视频素材

2．修正视频素材效果

由于视频素材的画面效果不佳，因此下面需要利用"Lumetri"面板逐一调整画面，具体操作如下。

❶ 选择【窗口】/【Lumetri 颜色】菜单命令，打开"Lumetri 颜色"面板。选择"城市 01.mp4"视频素材，选择"Lumetri 颜色"面板中的"曲线"栏，展开"RGB 曲线"选项，向上拖曳其中的曲线，增加整体亮度。单击蓝色圆点，向下拖曳蓝色曲线，降低画面的蓝色，如图 5-107 所示。

❷ 选择"Lumetri 颜色"面板中的"基本校正"栏，展开"白平衡"选项，设置"色温"和"色彩"分别为"40.0"和"10.0"。展开"色调"选项，设置"曝光""对比度""高光""阴影"分别为"1.0""60.0""40.0""-30.0"，如图 5-108 所示。

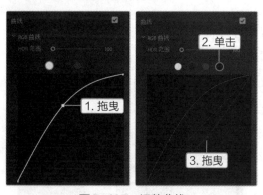

图5-107　调整曲线

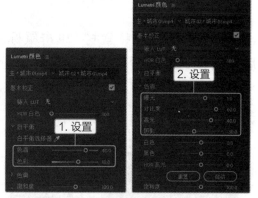

图5-108　调整白平衡和色调

❸ 选择"城市 02.mp4"视频素材，展开"基本校正"栏中的"色调"选项，设置"曝光""对比度""高光""阴影"分别为"-1.0""20.0""50.0""-10.0"。展开"基本校正"栏中的"白平衡"选项，设置"色温"为"20.0"，如图 5-109 所示。

❹ 选择"城市 03.mp4"视频素材，展开"曲线"栏中的"RGB 曲线"选项，向上拖曳其中的曲线，增加整体亮度。单击蓝色圆点，向下拖曳蓝色曲线，降低画面的蓝色，如图 5-110 所示。

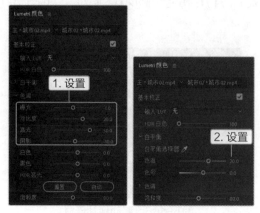

图5-109　调整色调和白平衡

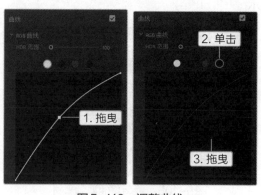

图5-110　调整曲线

5　展开"基本校正"栏中的"白平衡"选项,设置"色温"为"40.0"。展开"基本校正"栏中的"色调"选项,设置"曝光""对比度""高光""阴影"分别为"1.0""-20.0""10.0""80.0",如图 5-111 所示。

6　选择"城市 04.mp4"视频素材,展开"基本校正"栏中的"色调"选项,设置"曝光""对比度""高光""阴影""白色""黑色"分别为"3.0""-80.0""50.0""-30.0""50.0""-5.0"。展开"基本校正"栏中的"白平衡"选项,设置"色温"为"50.0",如图 5-112 所示。

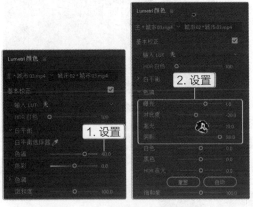

图5-111　调整白平衡和色调

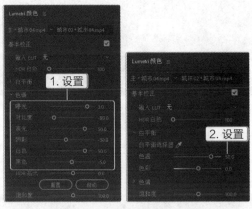

图5-112　调整色调和白平衡1

7　选择"城市 05.mp4"视频素材,展开"基本校正"栏中的"色调"选项,设置"曝光""对比度""高光""阴影"分别为"2.0""-60.0""-80.0""-20.0"。展开"基本校正"栏中的"白平衡"选项,设置"色温"和"色彩"分别为"50.0"和"-30.0",如图 5-113 所示。

8　展开"曲线"栏中的"RGB 曲线"选项,向上拖曳其中的曲线,增加整体亮度。单击蓝色圆点,向下拖曳蓝色曲线,降低画面的蓝色,如图 5-114 所示。

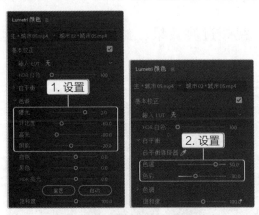

图5-113　调整色调和白平衡2

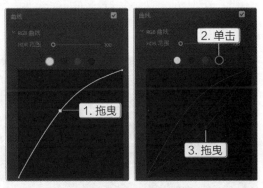

图5-114　调整曲线

3. 添加过渡效果

下面为调整后的视频素材添加不同的视频过渡效果,然后添加背景音乐,并将视频导出为 MP4 格式的文件,具体操作如下。

微课视频

添加过渡效果

❶ 在"效果"面板中依次展开"视频过渡"中的"溶解"选项，将"叠加溶解"过渡效果拖曳到"城市 01.mp4"视频文件左端，如图 5-115 所示。

❷ 选择添加的视频过渡效果，在"效果控件"面板中设置持续时间为"00:00:01:00"（1 秒），如图 5-116 所示。

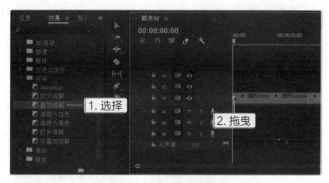

图5-115　添加视频过渡

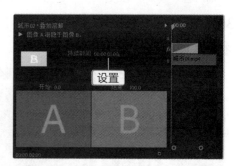

图5-116　设置过渡效果的持续时间

❸ 在"效果"面板中将"渐隐为黑色"过渡效果拖曳到"城市 05.mp4"视频文件右端，在"效果控件"面板中设置该视频过渡的持续时间为"00:00:01:00"，如图 5-117 所示。

图5-117　添加并设置过渡效果

❹ 在其他视频素材之间均添加"交叉溶解"视频过渡效果，然后统一设置持续时间为"00:00:01:00"，如图 5-118 所示。

图5-118　为其他视频素材添加并设置过渡效果

❺ 导入并添加"背景音乐 .mp3"音频素材，按【Space】键试听效果。确认无误后按【Ctrl+M】组合键，在打开的对话框中将项目以"城市生活"为名导出 MP4 格式的视频文件。

任务四 制作可爱宠物视频

虽然数字视频是通过展示具体的视频内容来传递信息的，但这并不说明文本在数字视频中无用武之地。相反，为视频添加必要的字幕，可以更清楚地表达视频想要传递的内容，也能让观众更轻松地接收信息。

效果预览

可爱宠物视频
参考效果

任务目标

米拉给自己的爱犬拍了几条视频，并事先对视频做了一些处理。为了让大家更好地观看视频，她决定在视频中添加一些字幕，主要起到解释内容和丰富视频的作用，参考效果如图5-119所示。

素材所在位置 素材文件\项目五\任务四\狗狗01.mp4~狗狗05.mp4、解说01.mp3~解说05.mp3、背景音乐.mp3

效果所在位置 效果文件\项目五\任务四\"可爱宠物"文件夹、可爱宠物.mp4

图5-119 可爱宠物视频参考效果

相关知识

1. 添加静态字幕

在Adobe Premiere Pro CC 2018中可以随时为视频内容添加静态字幕，并且可以很方便地执行调整、设置和修改等操作。

● **创建字幕**。在工具箱中单击文字工具 **T**，在"节目"面板的画面中单击，或拖曳鼠标以定位插入点，输入需要的字幕，如图5-120所示。

图5-120　创建字幕的过程

● **调整轨道上的字幕**。创建字幕后，"时间轴"面板中会同步增加对应的字幕对象，按裁剪和移动视频的方法调整字幕，就可以设置字幕在视频中的显示时长和出现的位置，如图5-121所示。

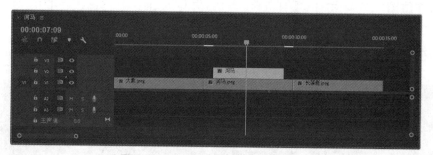

图5-121　调整字幕显示时长和位置

● **调整画面上的字幕**。创建字幕后，切换到选择工具 ，此时拖曳字幕可调整其在画面中的位置；拖曳字幕边框上的控制点可调整字幕大小；将鼠标指针定位在字幕边框4个角点外侧，当其变为 形状时，拖曳鼠标可旋转字幕，如图5-122所示。

图5-122　移动、缩放、旋转画面上的字幕

● **设置字幕格式**。若想更改创建好的字幕格式，可切换到文字工具 **T**，双击画面中的字幕对象，选择其中的文本内容，然后选择【窗口】/【基本图形】菜单命令打开"基本图形"面板，单击"编辑"选项卡，然后就可以在"文本"栏中修改字幕的格式，如图5-123所示。

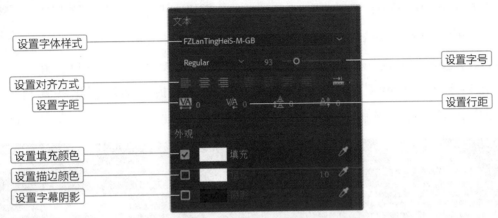

图5-123　修改字幕格式

2. 设置动态字幕

要想设置动态字幕，只需为字幕的各种属性插入关键帧并调整参数值，制作思路与制作动态图像相似，其方法为：拖曳时间指示器至需要插入关键帧的位置，选择字幕对象，在"效果控件"面板中插入关键帧，包括源文本、位置、缩放、旋转、不透明度等，其中源文本可以设置字体样式、字号、对齐方式、字体颜色等格式。插入关键帧后设置相应的参数值，然后调整时间指示器的位置，重新更改参数值就能实现动态字幕的效果。图5-124所示为设置动态字幕的过程。

图5-124　设置动态字幕

任务实施

1. 新建项目并整理视频内容

下面在 Adobe Premiere Pro CC 2018 中新建项目，导入并添加视频素材，然后整理视频内容，为后面添加字幕做好准备，具体操作如下。

① 启动 Adobe Premiere Pro CC 2018，新建"可爱宠物"项目，将"狗狗01.mp4~狗狗05.mp4"视频素材导入"项目"面板，然后将这些素材添加到"时间轴"面板中，按编号调整顺序，如图 5-125 所示。

图5-125　导入、添加并调整视频素材

② 将时间指示器拖曳至"狗狗05.mp4"视频素材上，显示出图 5-126 所示的画面，然后单击"节目"面板下方的"导出帧"按钮 ⬛。

③ 打开"导出帧"对话框，在"名称"文本框中输入"封面"文本，在"格式"下拉列表框中选择"JPEG"选项，选中"导入到项目中"复选框，单击 【确定】 按钮，如图 5-127 所示。

图5-126　抓取视频画面

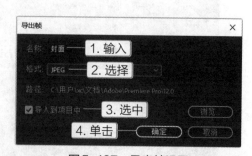

图5-127　导出帧设置

④ 按住【Ctrl】键将"项目"面板中的"封面.jpg"图像素材添加到"时间轴"面板原有的视频素材前面，并将图像素材的持续时间裁剪为 3 秒，如图 5-128 所示。

⑤ 裁剪其他视频素材，均保留5秒内容，然后拖曳视频素材，使其紧密排列在轨道上，如图5-129所示。

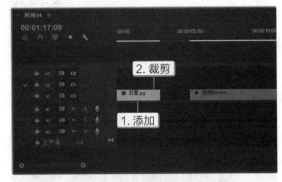

图5-128　添加并裁剪图像素材

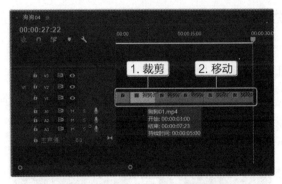

图5-129　裁剪并移动视频素材

⑥ 选择"封面.jpg"图像素材，拖曳时间指示器至其开始处，为图像插入缩放关键帧，设置"缩放"为"150.0"，如图5-130所示。

⑦ 将时间指示器移至1秒处，设置"缩放"为"100.0"，如图5-131所示。

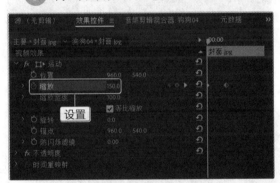

图5-130　插入缩放关键帧

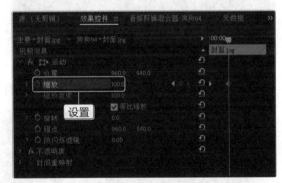

图5-131　修改缩放参数

⑧ 在"效果"面板中展开"视频过渡"下的"溶解"选项，将"交叉溶解"过渡效果拖曳到"封面.jpg"图像素材的右端，如图5-132所示。

⑨ 选择添加的"交叉溶解"过渡效果，在"效果控件"面板中设置持续时间为"00:00:00:15"，如图5-133所示。

图5-132　添加视频过渡

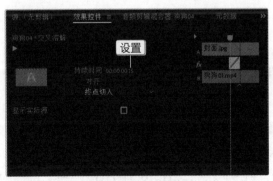

图5-133　设置持续时间

2．添加音频素材

为了更好地添加字幕，需要先将音频素材添加到项目中，然后根据解说音频的长度位置，安排字幕的长度和位置，具体操作如下。

1 将"解说 01.mp3～解说 05.mp3"音频素材导入"项目"面板中，如图 5-134 所示。

2 以编号为准，将解说音频拖曳到对应的视频素材下，使解说音频在每个视频素材下方的中间，如图 5-135 所示。

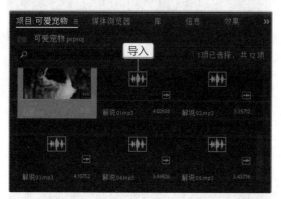

图5-134　导入解说音频

图5-135　添加解说音频

3 导入"背景音乐 .mp3"音频素材，并将其添加到 A2 轨道，如图 5-136 所示。

图5-136　导入并添加背景音乐

3．添加并设置字幕

下面为视频的封面设置标题字幕，并为每个视频素材设置解说字幕，具体操作如下。

1 将时间指示器定位到"封面 .jpg"图像素材区域，切换到文字工具 **T**，在"节目"面板的画面中单击以定位插入点，输入"我的边牧"文本。选择输入的内容，直接在"效果控件"面板中展开"文本"下的"源文本"选项，设置"字体样式"为"FZLanTingHeiS-H-GB"、"字号"为"200"，选中"填充"复选框和"阴影"复选框，设置填充颜色和阴影颜色分别为"白色"和"黑色"，如图 5-137 所示。

② 切换到选择工具 ▶ ，拖曳字幕到画面的右侧，如图5-138所示。

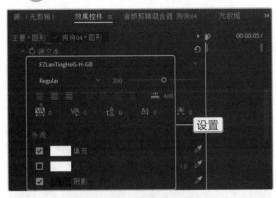

图5-137 设置字幕格式

图5-138 调整字幕位置

③ 在"时间轴"面板中调整字幕素材的长度，使其对应"封面.jpg"图像素材的1秒处至视频过渡对象左端的区域，如图5-139所示。

④ 将时间指示器定位到字幕素材的左端，在"效果控件"面板中展开"文本"下的"变换"选项，插入位置关键帧，设置图5-140所示的"位置"参数值。

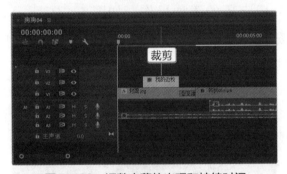

图5-139 调整字幕的出现和持续时间

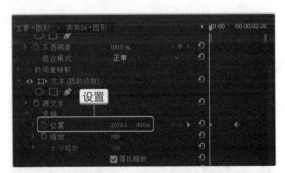

图5-140 插入位置关键帧

⑤ 将时间指示器定位到1秒16帧处，按住【Shift】键将字幕从画面外侧拖曳至画面右侧，如图5-141所示。

⑥ 将时间指示器定位到"狗狗01.mp4"视频素材区域，切换到文字工具 T ，在画面中单击以定位插入点，根据解说音频内容输入字幕内容，然后设置字幕格式的"字号"为"70"、"字距"为"100"，并用选择工具 ▶ 将字幕移至画面下方，如图5-142所示。

图5-141 移动字幕位置

图5-142 添加字幕

⑦ 在"时间轴"面板中调整字幕素材的长度，使其与对应的解说音频内容的长度一致，如图 5-143 所示。

⑧ 按住【Alt】键拖曳字幕素材，将复制的字幕素材长度按对应的解说音频内容长度进行调整，如图 5-144 所示。

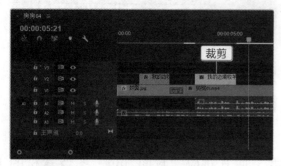

图5-143　调整字幕的出现和持续时间

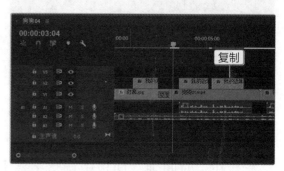

图5-144　复制并调整字幕

⑨ 切换到文字工具，在画面中双击字幕并修改内容，使用选择工具调整字幕在水平方向上的位置，如图 5-145 所示。

⑩ 使用相同的方法复制并修改字幕内容，完成字幕的添加操作，如图 5-146 所示。

⑪ 按【Space】键预览效果，确认无误后按【Ctrl+M】组合键，在打开的对话框中将项目以"可爱宠物"为名导出 MP4 格式的视频文件。

图5-145　修改字幕内容并调整位置

图5-146　复制并修改其他字幕

实训一　制作水果广告视频

【实训要求】

本实训将综合利用 Adobe Premiere Pro CC 2018 中的剪辑视频、添加过渡效果、添加字幕对象等功能，制作一个水果广告视频，参考效果如图 5-147 所示。

素材所在位置　素材文件\项目五\实训一\水果01.mp4~水果04.mp4、背景音乐.mp3

效果所在位置　效果文件\项目五\实训一\"水果广告"文件夹、水果广告.mp4

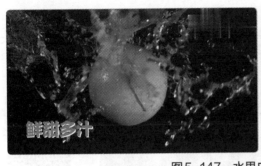
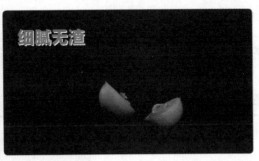

效果预览

水果广告视频
参考效果

图5-147　水果广告视频参考效果

【实训思路】

本实训将首先新建项目，然后导入并添加视频素材，通过分离视频中的音频、调整视频播放速度等操作调整视频内容。然后为视频素材添加视频过渡效果，最后为视频添加字幕对象和背景音乐，其制作过程如图 5-148 所示。

①剪辑视频　　　　　　　　②设置过渡效果　　　　　　③添加字幕和音乐

图5-148　水果广告视频的制作过程

【步骤提示】

微课视频

制作水果广告
视频

❶ 新建"水果广告"项目，导入并添加"水果 01.mp4～ 水果 04.mp4"视频素材，删除视频素材中的音频部分。

❷ 调整各视频素材的播放速度，使其呈现慢动作播放的效果。

❸ 在各视频素材中添加"胶片溶解"视频过渡效果（位于"视频过渡"下的"溶解"选项中）。

❹ 在各视频素材之间添加内容为广告词的字幕素材。

❺ 添加背景音乐，然后预览视频内容，最后将其以"水果广告"为名导出 MP4 格式的视频文件。

实训二　制作香水视频

【实训要求】

本实训将利用提供的两个视频素材、一个音频素材和白色背景图像，制作出一个有格调的香水视频，参考效果如图5-149所示。

素材所在位置 素材文件\项目五\实训二\白色背景.jpg、香水01.mp4~香水02.mp4、背景音乐.mp3

效果所在位置 效果文件\项目五\实训二\"香水"文件夹、香水.mp4

效果预览

香水视频参考效果

图5-149　香水视频参考效果

【实训思路】

　　本实训将首先在视频中创建白色背景，然后利用动态字幕制作片头和片尾内容，最后添加视频素材和背景音乐，其制作过程如图5-150所示。

①制作白色背景和动态字幕

②添加并设置视频素材

③添加背景音乐

图5-150　香水视频的制作过程

【步骤提示】

微课视频

制作香水视频

　　❶ 新建"香水"项目，导入并添加"香水01.mp4~香水02.mp4"视频素材和"白色背景.jpg"图像素材。

　　❷ 将"白色背景.jpg"图像素材添加到V1轨道，时间长度调整为19秒左右。

　　❸ 创建片头字幕内容，设置字体样式、字号、字体颜色、行距等。

　　❹ 在字幕开始处插入位置关键帧，将其拖曳至左侧画面以外，在2秒处修改"位置"参数值，将其水平移至画面中央。

　　❺ 创建片尾字幕，在字幕开始处插入位置关键帧，将其拖曳至右侧画面以外，在2秒处修改"位置"参数值，将其水平移至画面中央。

　　❻ 将两个视频素材添加到两个字幕素材之间，裁剪视频内容，使字幕与视频的整

体长度与白色背景的长度一致。

⑦ 增加"香水02.mp4"视频素材的亮度，然后为各素材添加"叠加溶解"视频过渡效果。

⑧ 添加背景音乐，然后预览视频内容，最后将其以"香水"为名导出MP4格式的视频文件。

 课后练习

练习1：制作企业宣传视频

充分利用提供的6个视频素材和音频素材，为某无人机企业制作一个精美的企业宣传视频，参考效果如图5-151所示。

 素材所在位置 素材文件\项目五\练习1\企业01.mp4~企业06.mp4、背景音乐.mp3
效果所在位置 效果文件\项目五\练习1\"企业宣传"文件夹、企业宣传.mp4

峰御无人机　精美的设计　优质的拍摄画面

图5-151 企业宣传视频参考效果

操作要求如下。

① 新建项目和序列，导入素材并进行适当的剪辑操作。

② 调整素材画面颜色并添加视频过渡效果。

③ 添加字幕和背景音乐，最后导出MP4格式的视频文件。

练习2：制作观赏视频

利用提供的4段雨水视频素材和音频素材，制作一段优美的观赏视频，参考效果如图5-152所示。

 **素材所在位置** 素材文件\项目五\练习2\雨01.mp4~雨02.mp4、背景音乐.mp3
效果所在位置 效果文件\项目五\练习2\"雨季"文件夹、雨季.mp4

操作要求如下。

① 新建项目和序列，导入图像文件，调整视频长度。

② 将每段视频素材的画面设置为偏青绿的颜色。

效果预览

企业宣传视频
参考效果

效果预览

观赏视频参考
效果

③ 添加视频过渡效果和字幕内容。

④ 添加背景音乐，导出 MP4 格式的视频文件。

图 5-152　观赏视频参考效果

技能提升

1. 在 Adobe Premiere Pro CC 2018 中处理音频素材

通常，我们可以利用 Adobe Audition Pro CC 2018 处理音频素材，然后将处理好的音频导入 Adobe Premiere Pro CC 2018 中制作视频文件。如果计算机上没有安装 Adobe Audition Pro CC 2018，而且对音频处理的要求并不高时，可以借助 Adobe Premiere Pro CC 2018 的音频处理功能来完成操作，其方法为：选择轨道上的音频素材，在"效果"面板中展开"音频效果"选项，根据处理需要，将相应的音频效果拖曳到音频素材上，并在"效果控件"面板中进行调整。图 5-153 所示为通过"音量"效果来控制音频的声音大小。

2. 关键帧的操作技巧

当为某个素材设置了多个关键帧后，可以在"效果控件"面板中快速定位、添加、删除、移动关键帧，其方法为：单击"转到上一关键帧"按钮 ◀，可逐一定位到前面的关键帧；单击"转到下一关键帧"按钮 ▶，可逐一定位到后面的关键帧；单击"添加 / 移除关键帧"按钮 ●，可在当前位置添加关键帧或删除当前位置的关键帧；直接拖曳右侧的菱形标记，可调整该关键帧在素材上的位置，如图 5-154 所示。

图 5-153　调整音量效果

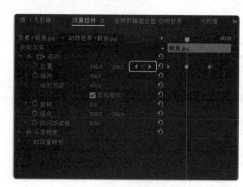

图 5-154　管理关键帧